敢冲，才不枉青春

〔美〕奥里森·斯韦特·马登 著

金树 编译

北京大学出版社
PEKING UNIVERSITY PRESS

图书在版编目（CIP）数据

敢冲，才不枉青春 /（美）奥里森·斯韦特·马登著；金树编译.
—北京：北京大学出版社，2017.6
ISBN 978-7-301-28279-3

Ⅰ.①敢… Ⅱ.①奥… ②金… Ⅲ.①成功心理—通俗读物
Ⅳ.① B848.4-49

中国版本图书馆CIP数据核字（2017）第085337号

书　　名	敢冲，才不枉青春 GAN CHONG, CAI BU WANG QINGCHUN
著作责任者	〔美〕奥里森·斯韦特·马登 著　金树 编译
责任编辑	刘　维
标准书号	ISBN 978-7-301-28279-3
出版发行	北京大学出版社
地　　址	北京市海淀区成府路205号　100871
网　　址	http://www.pup.cn　新浪微博：@北京大学出版社
电子信箱	zpup@pup.cn
电　　话	邮购部 62752015　发行部 62750672　编辑部 62764976
印 刷 者	北京市兆成印刷有限责任公司
经 销 者	新华书店 787毫米 × 1092毫米　16开本　12印张　130千字 2017年6月第1版　2017年6月第1次印刷
定　　价	35.00元

未经许可，不得以任何方式复制或抄袭本书之部分或全部内容。
版权所有，侵权必究
举报电话：010-62752024 电子信箱：fd@pup.pku.edu.cn
图书如有印装质量问题，请与出版部联系，电话：010-62756370

专家推荐序

除了《圣经》之外，恐怕再也没有其他书籍像这本书那样成为许多人生活的转折点了。

它让成千上万的年轻人重拾信心，在各行各业中重新找回丢失已久的勇气；它让许多商人在放弃一切希望之后，重新迈向成功；它帮助无数从未想过接受普通教育的孩子们勤工俭学，完成大学学业。

作者曾经收到成千上万封读者来信。这些信件来自世界各地，他们向作者讲述这本书如何激发了他们的理想抱负，如何改变了他们的思想与目标，以及又如何鞭策他们实现以前从未想过的成功事业。

本书已被译成多种语言，在日本等国家的学校得到广泛使用，世界许多国家与地区的知名教育家也建议在学校推行使用本书作为文明启蒙的读物。

王室成员、总统、英国等国家的国会成员、美国最高法院成员、知名作家、学者以及世界各个领域的杰出人士都对本书大加赞赏，感谢作者将它贡献给全世界的读者。

美国著名书评家　汤姆·巴特勒－鲍登

目录

专家推荐序 / 1

导　言　告别迷茫，找回迷失的自己 / 1

第一章　年轻无极限，敢拼才会赢 / 7
　　　　年轻时的心理高度决定未来的事业高度 / 10
　　　　换一种环境，发现另一种活法 / 15
　　　　不做下一个谁，勇敢做自己 / 18

第二章　趁年轻，调高对自己的期望 / 25
　　　　你期望自己是什么，最终你就会是什么 / 28
　　　　对自己的期望越高，你的生命越有价值 / 31
　　　　当我们说期望时，金钱不是它的定义 / 36

第三章　一念之转，把内心变成天堂 / 43
　　　　对折磨你的人和事，说声"谢谢你" / 46
　　　　老天会给每个人都留下足够多的机会 / 52
　　　　不必为眼下的贫困担心 / 60
　　　　内心变成天堂，才能过上天堂般的日子 / 66

第四章　人和人之间产生差异的关键力量 / 73

　　永远不要说"我做不到" / 75

　　挺住，意味着一切 / 82

第五章　你对人类最大的贡献，就是让自己快乐起来 / 89

　　慢慢清理你的消极情绪 / 91

　　善于控制情绪是一个人成熟的表现 / 98

　　让自己快乐也是一种能力 / 101

　　附：认识四种最危险的消极情绪 / 106

　　每天入睡前，请给心灵来一次大扫除 / 112

　　附：如何通过睡眠开发你的潜能 / 115

第六章　哪怕年轻，我们也要很职业 / 117

　　薪水算什么，要为自己工作 / 120

　　专注才有大回报 / 130

　　一旦你睡觉都想着工作时，你就能成功 / 135

　　坚守原则的人最可信 / 142

第七章　随时升级自己的人生资本 / 149

　　好习惯就是起跳的力量 / 152

　　附：如何养成新习惯 / 159

　　修炼你的气场 / 160

　　教养是你最美的外衣 / 165

　　学会说话，全世界都听你的 / 175

　　靠学习能力打天下 / 181

导言　告别迷茫，找回迷失的自己

请你回答这样一个问题：如果你一夜之间失去了所有的财富、所有的亲人，并深陷囹圄、失去了自由，你会跟自己说什么？

你一定会说：我的一生已经彻底完了！

全球知名的传奇作家史蒂芬·金根据真人真事写过一个类似的故事，收录在他的畅销小说《四季奇谭》里。

故事男主角安迪，原本是位人人称羡的银行家，却被诬陷为杀妻凶手而判无期徒刑，关入了恶名昭彰的肖申克监狱。在生存环境极为恶劣的牢狱生涯中，安迪遭受到了令人发指且惨无人道的待遇，而狡猾恶毒的狱吏一再地剥夺他假释重生的机会，含冤老死狱中看来已成定局。要是一般人早就怀忧丧志混吃等死算了。但安迪却凭借着惊人的毅力，令人匪夷所思地从炼狱中脱逃。他还帮助原本假释后因无法重新适应社会的狱中好友，抛弃自杀的念头，重新迎接新的人生。从英俊倜傥的30岁银行家，到满头花发的58岁日暮之年，安迪用了28年的光阴，终于让自己从阴冷潮湿的囚牢，来到充满阳光与温暖海水的太平洋海边。

这个故事后来被拍摄成了电影，即被誉为"电影史上最伟大的两部电影之一"的《肖申克的救赎》。

《肖申克的救赎》之所以成为名留影史的经典，与导演的高妙技巧、演员出神入化的演技密不可分，但更打动千万影迷的，是男主角不迷茫、不放弃、努力改变厄运的精神。

与男主角相比，更多人的命运并没有那么糟糕——至少我们并没有蒙受不白之冤而羁押牢狱。但是，我们的生活也不过如此，每日行走在家与公司之间，两点一线，与学生时代的区别，只是用"公司"替换了"学校"这个点。一个成年人每日这样浑浑噩噩，重复过这样的生活，与生活在囚笼中有什么两样？当然，你笔挺的职业套装比囚徒们的"斑马装"看起来更时髦好看。

世上的事情，皆是有因才有果。究竟是什么样的羁绊，使我们迷茫了我们的心灵，使我们无法活得更好？我们来看看下面这些情形在你的身上能找到几条：

· 缺乏对未来的竞争意识，做事喜欢按部就班。
· 经常觉得心累。
· 缺乏激情，只想做"低于"自己能力的工作。
· 花很多时间"准备"工作、"逃离"工作，但就是不"投入"工作。

·只想参与轻松的工作，只想面对轻松的人际关系，却不想全力以赴。

·无法力争自己内心真正向往的东西，因为你不想失望或失败。

是否觉得每一条都似曾相识？是否感觉每一个毛病都能在自己身上找到影子？青年朋友们，你可曾想过，这些浑浑噩噩、理所当然的生活态度，就是你迷茫的诉讼状？因为迷茫，你才会任灰暗的日子循环往复，公司年底的一点小奖励，会使你如"立功"般沾沾自喜，一年一次的年假，也会让你如获得"假释"般欣喜若狂。年年如此，日日如昔。有一天从混沌的梦中惊醒，正视自己的生活境遇，我们会情不自禁地发出这样的呼喊：这辈子难道要浑浑噩噩下去吗？

有一位心理学家曾经做过一个实验：他在一个玻璃杯里放进了一只跳蚤，发现跳蚤立即跳了出来。再重复几遍，结果还是一样。根据测试，跳蚤跳的高度一般可达它身体的 400 倍左右，所以说跳蚤称得上是动物界的跳高冠军。

接下来，实验者再把这只跳蚤放进杯子里，不过这次在杯子上加了一个玻璃盖。"嘣"的一声，跳蚤重重地撞在玻璃盖上。跳蚤十分困惑，但它不会停下来，因为跳蚤的生活方式就是"跳"。一次次被撞，跳蚤开始变得聪明了，它开始根据盖子的高度来调整自己所跳的高度。再过一阵子以后，实验者发现这只跳蚤再也没有撞击到这个盖子，而是在盖子下面自由地跳动。

一天以后，实验者开始把这个盖子轻轻拿掉，跳蚤不知道盖子已经去掉了，它还是在原来的那个高度继续地跳。

三天以后，他发现这只跳蚤还在那里跳。一周以后，实验者发现，这只可怜的跳蚤还在玻璃杯里不停地跳着。

人有些时候也是这样。很多人不敢去追求更加美好的生活，不是追求不到更好的生活，而是因为他们的思维陷入了一个定式，这个思维定式常常暗示自己的潜意识：就这样吧！活得再好是不可能的，这是没有办法做到的。可见，消极的思维定式是一个人无法活得更好的关键原因。

那么，难道他们真的就不能突破这个思维定式了吗？当然不是。

试验者发现，让这只跳蚤再次跳出这个玻璃杯子的方法十分简单，只需拿一根小棒子突然重重地敲一下杯子，当跳蚤受到惊吓后，会奋力一跃，跳出杯子。

同样，陷入消极思维的人们也需要这样一声"敲击"。《敢冲，才不枉青春》就是这样一本书，它将帮你突破消极思维，活出更好的生命状态：当你感觉生活迷茫的时候，让你重新体会期待的兴奋；当你对未来失去安全感的时候，让你重新拥有踏实的自信；当你为人生的不如意而感到懊恼的时候，让你重新体味收获的快乐。

正如美国著名书评家汤姆·巴特勒－鲍登说的："除了《圣

经》之外,恐怕再也没有其他书籍像这本书那样成为许多人生活的转折点了。它让成千上万的年轻人重拾信心,在各行各业中重新找回丢失已久的勇气。"

突破的机遇已经摆在你的手上,但是你能像安迪一样把握住它吗?

相信本书能够帮助你。

编译者

第一章

年轻无极限,敢拼才会赢

改变现状，赢得未来的关键在于要有突破的勇气，拒绝惯性思维给自己带来的自我设限。

所谓自我设限是指：外界没有限制，自己却在自己的内心套上了一层层繁重的枷锁，使自己故步自封，从而阻碍了自己前进的道路。概而言之，自我设限的人总是以过往的观念来评判现在和未来的事与物，拒绝潜在的机会！

有一个正在巡回表演的马戏团，成千上万的观众被它吸引，更令人拍案叫绝的是其中一只大象的演出。

有一个少年特意跑到马戏团的后台，为了能够更近距离地看看大象，他到处找大象栖身的地方，那里刚巧没有其他人。但是，他发现那头大象被一条普通的绳子缚在一根木头旁，他感到很奇怪。

少年好奇地问一位驯兽师："先生，为什么只用一条绳子便能制伏这么巨大的象，难道不怕它用力一拉便逃走了吗？"

"你不了解吧！"驯兽师笑一笑便回答他，"当它还小时，我们用大铁链把它锁着，每当它想逃走时，它只要用力一拉铁链便痛得动弹不得，久而久之，每次当它想到用力拉就有痛的感觉的时候，它最后便放弃了。所以，现在我们只需要用一条绳子缚着它，它便不再相信自己可以逃走了。"

现实生活中，是否有许多人也像大象一样？毕业时意气风发，屡屡去尝试着实现自己心中的梦想，但是往往事与愿违。在经历过多次的失败打击之后，他们便消极起来，不是抱怨这个世界的不公平，就是怀疑自己的能力。他们不是去努力寻找新的奋斗目标，追求突破，而是一再地降低自己的人生目标——即使原有的一切限制已取消。"大铁链"虽然被换掉，但他们早已经痛怕了，不敢再尝试，或者已习惯了，不想再跑了。人们往往因为害怕而放弃追求成功，甘愿忍受失败者的生活。

　　难道大象真的不能挣脱绳子的束缚吗？绝对不是。只是它的心理已经接受了这根绳子的强度是自己无法挣脱的这个现实。

年轻时的心理高度决定未来的事业高度

> 人的强烈愿望一旦产生,很快就会转变成信念。
>
> ——艾·扬格

有一个古老的故事,讲到一只长年生活在一口小圆井底下的小青蛙,它住的那种水井,就像你常常会在农家小院看到的一样。小青蛙和家族世世代代一直住在那里,它也很满足于在水里嬉戏,绕着这口水井游泳。它常想着,我的生活不可能比现在更好,因我已拥有了一切所需。

但有一天,它抬起头看并注意到了井上面的光线,小青蛙好奇了起来,它开始猜想上面会有什么东西。它慢慢地沿着井壁往上爬,当它爬到井口时,它小心地沿着井边往外看,仔细一瞧,它首先看到了一个池塘。它简直不敢相信,这池塘可比自己住的那口井大上好几千倍!它继续往前探险,发现了一个大湖,于是它惊讶地瞪大眼睛站在那儿。小青蛙继续沿着湖边往前爬,终于有一天，小青蛙历尽艰险，长途跋涉来到大海，目光所及之处，尽是一望无际的汪洋，它的震惊难以形容。

你，也一样，可能认定自己已经达到了人生的巅峰，达到了生命的极限。因此，你不可能再有更大的成就了，永远做不成什么大事，无法成就什么丰功伟业，或是不能享受像别人一样的生活。

很难过地告诉你，你说对了……除非你愿意跨越现有的心理高度。

□ 一个人的成就永远不会高于他的心理高度

一个人，无论他的能力多么突出，才华多么出众，学识多么渊博，但最终决定他能否成功的却只有一项因素——他的心理高度，即他认为自己能取得多大的成就。

一个人的成就永远不会高于他的心理高度。心理有多大的高度，才会取得多大的成就。认为自己行就行，认为自己不行就不行。

失败者往往都是那些受困于自身心理高度的人。他们总是认为自己不配拥有世界上最优秀的东西，各种优秀与美好的事物都不是为他们而设计。这些人之所以做着卑微的工作，过着平庸的生活，都是因为他们对自己的要求与期望值不够高。他们不明白，自己完全可以掌控自己的命运，可以实现任何可能的目标，做自己想做的人。

一位士兵有一次给拿破仑送信，由于过于匆忙，在他把信件送到之前，所骑的马就摔死了。拿破仑口述完回信之后，将信交给这位士兵使者，并命令他骑上自己的马，尽可能快地将回信送过去。这位士兵看着这匹戴着极好马饰的高贵马，说道："不行，将军，这匹马对于一名普通的士兵来说太豪华、太高贵了。"拿破仑说道："相比较法国士兵来说，没有什么东西太豪华，或太高贵。"

世界上到处都是像这个可怜的法国士兵一样的人，他们认为别人拥有的东西对他们来说都太优秀，与他们卑微的身份不相称，他们不应该享有与那些"比较受眷顾"的人同样优秀的东西。他们意识不到，恰恰是自己这种妄自菲薄的态度削弱了自己的意志力。他们对自己没有足够的自信，没有足够的期望，也没有足够的要求。

如果你自认为是侏儒，只期待渺小的事情，你永远也不可能成为巨人。雕像永远只会像模特儿，而模特儿就是雕像的心理极限。

溪流的流向永远不会高于它的源头。"如果我们选择只做黏土块，"玛丽·科雷利说，"那么我们就会成为勇敢者踩踏的黏土块。"

如果你认为自己不如他人，那么你的能力会因此而萎缩，因为能力的发挥和成长需要自信和期望来激发。世界上所有伟大的成就都始于渴望已久的梦想，这种渴望不仅让人充满勇气，也让人愿意为了它面对所有的艰难险阻，甚至牺牲自己的生命，直到梦想成真。

你从生活中将会得到什么，看看你的期望就知道了。期望不高的人所得无几，期望远大的人却会得到很多。正如《圣经·马太福音》中所说:"凡是少的,就连他所有的,也要夺过来;凡是多的,还要给他,叫他多多益善。"

□ 跨越心理高度,解除身心束缚

能否跨越现有的心理高度是一种标志,它代表了与理想相匹配的能力,代表了能够让理想成为现实的力量。这种跨越能够激发我们内在的潜能,唤起我们体内更优秀、更崇高的品质。

跨越自己的心理高度能够让一个普通人成功,而一个天才如果不能跨越自己的心理高度,他将会遭受失败。跨越现有的心理高度能带你走到山巅,因此你可以拥有很好的视野。在这里,你所能看到的风景是那些在山谷里的人无法想象到的。

如果我只给青年们提一条建议,这将会是:"尽可能地相信自己。"也就是说,相信命运就掌握在你的手中,相信一旦内心力量被唤醒、被激活、被开发,你就能活得更好。

新的心理高度会为我们开启一扇理想之门,让我们能够看见生活中无限的可能性,并为我们展示自己体内那不可能战胜的力量。

新的心理高度是我们体内的先知,是被指派来陪伴人类的神圣信使,它将引导与鼓励我们走完人生。

新的心理高度让人类看到自身的潜力,使我们不至于灰心丧气,不至于停止向上奋斗的步伐。

新的心理高度能看到我们所看不到的东西,它能看到我们由于疑虑与恐惧而被遮蔽的才智、能力与潜力。

……

跨越自己的心理高度会让你穿越当下的界限，挣脱当下的枷锁，跨越当下的障碍，看到更远大的未来。

正是远大的追求让哥伦布能够承受西班牙内阁的嘲笑与诋毁。当水手们以叛变相威胁以及当小船在未知海域茫然飘摇时，正是坚定的信念让他能够支撑下去，朝着自己的目标前行。

正是超出常人的心理高度赋予富尔顿以勇气与决心，让他敢于在数千名抱着幸灾乐祸的态度看他出洋相的市民面前，首次驾驶"克莱蒙"号逆流而上前往休斯敦。尽管全世界都在反对他，但他相信他的尝试一定会成功。

跨越心理高度就能创造奇迹！历史上，那些不断跨越自己心理高度的人完成了多少看似不可能完成的任务。如果不是因为跨越了自己的心理高度，多少发明者和发现者会在重重困难以及不断失败的实验当中彻底失去勇气。正是这种跨越才让这些英雄人物坚持到底，直到成功为止。

如果我们敢于往上看，我们就能到达伟人所能到达的高度。许多人举步不前，唯一的原因也许就是他们低估了自己。他们思想的局限性、认为自己无用和愚蠢的信念几乎可以说是他们最大的障碍。在宇宙当中，如果一个人自认为无能，那就没有任何力量可以帮助他去实现成功。

换一种环境，发现另一种活法

> 只有每天再度战胜生活并夺取自由的人，才配享受生活的自由。
> ——德西德里乌斯·伊拉斯谟

□ 离开不合适的环境是改造自我的第一步

"我儿子怎么样，戴维斯？"农民约翰·菲尔德看着在一旁招待顾客的儿子马歇尔问道。"嗯，约翰，你我算是老朋友了，"狄肯·戴维斯答道，他从桶里拿了一个苹果递给马歇尔的父亲，以示友好。"我们是老朋友了，我并不想伤害你的情感，但我想坦率地告诉你，马歇尔是个稳重的好孩子，但就算他一直留在我店里，他也不会成为一个商人。他不适合经商。约翰，把他带回农场去吧，还是教他怎么挤奶吧！"

如果马歇尔·菲尔德继续留在狄肯·戴维斯的店里做店员，他永远不可能成为世界上最成功的富商之一。

一个能够唤起理想的环境与成功息息相关。1856年，年轻的菲尔德来到芝加哥，这座不可思议的城市刚刚开始迈开它空前的发展步伐。当时的城市居民大约只有8.5万人，数年以前它不过就是印第安人的一个贸易村。但是这座城市的发展却突飞猛进，其速度之快就连最为乐观的居民也始料未及。空气中到处都弥漫着成功的气息，许多贫困孩子在这里取得了巨大成功。这唤起了菲尔德的理想抱负，点燃了他想要成为一名伟大商人的决心。"如果别人能完成这些精彩的事情，"他自问道，"我为什么不能？"

纽约儿童法院的主任监护人在1905年的一次报告中说，"让孩子离开不合适的环境是改造他们的第一步"。纽约防止虐待儿童协会在对50多万儿童进行调查之后得出结论：环境的力量比遗传还强大。

即使是最强大的人也无法超越环境的影响。无论我们的本性多么独立，意志多么坚强，我们还是不断地被身边的环境所感染。就拿出身最好的孩子打比方，即使他拥有最优秀的遗传基因，如果由野人来抚养他，会有多少遗传基因被保留了下来？如果他从婴儿时期就在一个野蛮的氛围下生活，长大后自然就会变得野蛮。有一则故事讲一个出身名门的孩子，在婴儿时期被父母丢弃，被一只狼叼走，并将他与其他狼崽子一起喂养长大，这个孩子后来真的就体现出狼的所有特征——四肢着地行走，像狼一样嚎叫，像狼一样吃东西。

通常来说，我们会跟随生活当中相对比较强大的趋势起起落落。诗人的那句"我是所有与我相遇的人的一部分"并不只是诗歌的异想天开，这绝对是事实。所有的一切——听到的每一次布道、讲座或谈话，每一个感动你生命的人——都会对你的性格造成影响，在这些交往或体验之后，你已经不再是原先的那个自己了。

多年以前，一群俄罗斯工人被俄罗斯一家造船公司送到美国学习造船技术以及美国精神。6个月之后，这帮俄罗斯人几乎与共事的美国技工相差无几。他们的野心、个性、个人主动性以及工作中的优异表现都得到了开发甚至进一步的提升。一年之后，他们回到了自己的国家，他们周围死气沉沉的环境开始对他们发挥作用。这些工人开始逐渐丧失对工作的激情和追求精益求精的愿望，变成按部就班的工人，他们除了日常工作之外，没有任何新的目标，他们被兴奋环境激发出来的理想抱负再次陷入沉睡状态。

如果你采访大多数的失败者，你会发现许多人的失败原因关键在于他们从未接触过令人振奋的环境，因为他们的野心从未被唤起过，或者因为他们意志不够坚强，不能在令人沮丧的不利环境下振作精神。我们在监狱与贫民窟发现的大多数人都是受环境影响的典型范例，这些环境将他们体内最邪恶的部分激发出来，而不是最优秀的部分。

无论你在生活中做什么，一定要不畏任何牺牲，尽量待在一个能够唤起你内在潜能的环境里，一个能够激发你自我发展的环境里。你要同理解你的人、相信你的人、帮助你发现自我以及鼓励你充分展示自我的人保持紧密的联系。这将对你到底是取得重大成功还是过平庸的生活起到决定性的作用。

□ 赶走那些让你消沉的朋友

理想抱负也具有感染性，你会被自己所处环境弥漫的主要精神所感染。你周遭那些努力向上的人会在你表现得不够出色的时候鼓励你再加把油。那些为了追求理想目标而苦苦奋斗的人，会散发出一股巨大的感染力，这些都会帮助并唤醒你对你的目标和理想的关注。在你懒散、懈怠、缺乏动力的时候，那些有抱负的人的激励会不断鞭策你前进。

给自己找一些"好"朋友吧，他们会像引信一样，燃爆你的潜能。你的身边是那些能够看到你的能力，相信、鼓励并称赞你的人，还是那些永远让你的希望破灭，不断向你泼冷水的人？这会让你在这个世界上的表现完全不同。

不做下一个谁，勇敢做自己

> 有追求既是人生的最高奖赏，也是一个人的无上财富。有追求会让他在工作与幸福中找到自我。
>
> ——爱默生

"但我有其他特长。"一位年轻人对准备因其迟钝而解雇他的商人辩解道。"作为推销员，你一无是处。"他的老板说道。"我相信自己一定有用。"年轻人说道。"怎么有用？告诉我你有什么用。""我不知道，先生，我不知道。""我也不知道。"商人说道，被这位职员的认真劲儿逗得哈哈大笑。"只是别解雇我，先生，别解雇我。除了推销之外，让我再试试别的。我不懂推销，我知道自己不擅长推销。""我也知道这个，"老板说道，"问题就在这里。""但我可以让自己有其他的用处，"年轻人坚持不懈，"我知道自己一定可以。"他就这样被安排到账房工作。很快他的数学才能得到发挥，几年之后，他不仅成为这家大商店的总出纳，还成为一名优秀的会计。

如果每一个人都选择最适合自己的人生道路，人类文明将会得到空前的发展。只有当一个人找准了自己的位置，他才会实现人生的理想。

□ 不做谁的二世，只做你自己

很多年轻人的理想与追求被愚昧无知的父母永久地压制了；一些年轻人由于不屈从于父母的安排而被认为是懒惰、愚蠢或无常；一些年轻人被迫进入那些不适合自己发展的领域，而受到压制；一些年轻人被迫阅读一些枯燥的神学书籍，同时耳朵里还不停地听到"法律""医学""艺术""科学"或"商业"等字眼；一些年轻人备受折磨，因为他们的每一根神经都在长久地抗议着这份勉强从事的工作。

放弃自我、按父辈的规划生活扼杀了很多年轻的天才。相反，那些坚持自我的年轻人往往都取得了骄人的成就。

"詹姆斯·瓦特,我从未见过像你这么无所事事的年轻人,"祖母说道,"看书吧,让自己成为一个有用的人。你知道这么长时间你都在干什么吗?你把茶壶盖拿下来,放回去,又拿下来。你一会儿往蒸汽里放一个小碟子,一会儿又放一个汤匙,你一直忙个不停,将水蒸气在瓷器和银器上凝结的水珠收集起来。你难道对自己这么浪费光阴不感到害臊吗?"这位老妇人显然未能说服詹姆斯·瓦特——他后来因发明蒸汽机而永载史册。

约翰·雅各布·阿斯特的父亲希望儿子能够接他的班,成为一名屠夫,但这位日后的巨贾天生就具有强烈的商业本能。天性让每个人都不可复制,上天在每个孩子出生时都变换了模式,他每次只使用一种神奇的组合。

腓特烈大帝热爱艺术和音乐,他由于不参与军事训练而惨遭虐待。因为他的父亲不喜欢艺术,所以甚至将他囚禁起来。这位父亲甚至考虑过杀掉自己的儿子,但他的过世将28岁的腓特烈送上王位。正是这个由于热爱艺术与音乐而被认为一无是处的男孩,让普鲁士成为欧洲最强大的国家之一。

愚昧的父母想要强迫阿克赖特成为一名理发师,但上天已经在他的脑子里安装了一个精巧的装置,他注定要赐福人类以及为英格兰数百万穷人服务,所以他对他的母亲说:"希望您不要认为我必须要继承父业。"18世纪晚期,阿克赖特发明了蒸汽动力纺织机,给英国棉纺业带来革命性的改变,成为英国工业革命的先驱。

伽利略被父母送去学医,但当他被迫学习解剖学和生理学的时候,他都会将关于欧几里得和阿基米德的课本藏好,暗地里钻研那些难解的问题。他在比萨大教堂看到摇摆的吊灯从而发现钟摆原理时只有18岁。他发明了显微镜和望远镜,拓宽了人们对广阔世界与微型世界的了解。

米开朗琪罗的父母宣布他们的儿子永远不能从事艺术这个丢脸的职业,他们甚至因米开朗琪罗涂满墙面和家具上的素描而惩罚他。但他内心的熊熊烈火被神圣的艺术所点燃,这股烈火让他永无止境地追求,直到他在圣彼得建筑、摩西的大理石雕像以及西斯廷教堂的墙面实现了不朽的创作。

约书亚·雷诺兹的父亲斥责儿子不该画画,并在他的一张画作上写道:"约书亚在纯粹无聊的情况下完成。"然而,这位"无所事事的男孩"日后却成为英国皇家美术学院的创始人之一。

席勒曾被送到斯图加特的军事学校学习外科,但他秘密地创作了他的第一部戏剧——《抢劫者》。戏剧首次公演时,他还不得不乔装前去观看。他所在的那所如同监狱般的学校令他讨厌至极,但他对写作的渴望却一直深深地吸引着他，尽管身无分文，他还是决定冒险进入这个不太友好的文学世界。在一位好心女士的资助下，他很快就创作了两部不朽的伟大剧作。

汉德尔医生希望自己的儿子成为一名律师，因此曾试图劝阻他对音乐的热爱，但是这个男孩拿着一把古竖琴跑到一个干草棚里偷偷练琴。这位医生父亲前去拜访在魏森菲尔德担任公爵的兄弟时，带着儿子一同前往。男孩在没人注意的情况下溜到教堂的风琴前，他很快就以最大音量举行了一场"私人演奏会"。公爵碰巧听到这次演奏，他惊讶于谁能够在对这种乐器明显不熟悉的情况之下却能巧妙地演奏出如此之多的旋律。孩子被带到公爵面前，公爵不仅没有因为孩子乱弄风琴而责备他，反而对他的演奏大加赞赏，并劝说汉德尔医生让儿子做自己喜欢做的事情。小汉德尔后来成为18世纪欧洲最伟大的风琴演奏家，并创作出46部歌剧。

"乔纳森，"当儿子告诉他自己已做好上大学的准备时，切斯先生说道，"你应该星期一早上去机修车间。"在机修车间工作几年之后，乔纳森最终出逃，之后便一路青云直上，成为来自罗德岛的美国参议员。

□ 适合自己的才是最好的

据说，如果上帝委派两名天使，一个去扫大街，另一个去统治一个帝国，那么无论你怎么劝说他们相互交换职业，他们都会不肯。此话不假，一个人只有感觉到上帝派他去做某项特殊的工作，同时他认真地做这项工作时，他才会感到幸福。找到自己梦想职业的年轻人该是多么幸运！如果他从事的不是这个职业，其他任何职业将不会让自己或他人感到满意。

每个人在找到自己的位置之前都不会安分，这是天性，天性会一直在他脑海中萦绕，驱使他不断前进，直到他所有的潜能都发挥出来，他才算找到了最适合自己的位置。

一匹优良的战马出现在赛马场的跑道上该是多么可笑的场面。然而，那些认为只有法律、医学与神学才是理想职业的普遍想法不是同样滑稽吗？每年，美国大学毕业生中有42%的人都是法律专业，这有多荒谬！在这里，有多少年轻人为了完成长辈的规划而成为拙劣的牧师、医生和律师！这个国家有太多的人从事着并不适合自己的职业，失望、抑郁、毁灭、失业、贫困、怯懦、遭受排挤和冷落，充斥着这个国家。

☐ 坚持做自己，成功就在转角处

并不是每个人都能很顺利地找到自己理想中的职业，我们通常都要经历很多次的尝试。在这个过程中，我首先要提醒自己的是：不要气馁！继续尝试！

当然，你应该仔细研究一下所尝试的工作，看看它是否符合自己的爱好或能力。考珀曾经是一名不出色的律师。他因过于羞怯、胆小，不擅长为案子辩护，但他却创作出极为优美的诗歌。莫里哀发现自己并不适合律师这份工作，但他却在文学领域扬名。

伏尔泰与彼特拉克都纷纷弃法律而去，前者选择哲学，后者选择诗歌。克伦威尔在 40 岁的时候还是个农民。

在十几岁之前，很少有人会对某一工作或学习表现出极大天赋或非凡才华。绝大多数年轻人在 15 岁或者 20 岁之前，就算为他们提供一切自由和机会，让他们选择自己内心渴望已久的职业，他们也很难决定他们将要靠什么来谋生。每个人都在内心祈求，希望自己能够获得适合某种工作的出色资质，但通常都求问无果，可同时他们又没有任何理由不认真做好到手的工作。

塞缪尔·斯迈尔斯所接受的职业训练并不合自己的心愿，但他依然兢兢业业地从事着这份职业，而这份职业也帮助他找到了他内心渴望已久的职业——作家。忠实于手边的日常工作，一位天才如果感觉到自己身负责任，上帝一定会在合适的时间将他带到最合适的位置上。

如果之前不是一名热忱的教师、一名尽责的士兵以及一位正直的政治家，加菲尔德就不会成为总统。林肯和格兰特并不是一开始就为白宫而生，也不是生来就具有不可抗拒的管理才能。

因此，无须沮丧，因为不是每个人生来就具备惊人的天赋。即使时运不济，也还是应尽全力做好手头工作，并抓住每一次正确的机会，朝着自己内心所指引的方向迈进。让职责成为指路明灯，成功无疑是对一个人能力与勤奋的奖励。

第二章

趁年轻,调高对自己的期望

美国心理学家佛隆有一个著名的"期望理论",即:激励力量＝效价×期望值。这一理论的基本观点是:人们有了某种需要,就会产生一定动机,进而引起行为去实现目标。当目标还没有实现的时候,这种需要就会变成一种期望,而期望本身就是一种强大的力量。

正如大文豪高尔基所说:"一个人追求的目标越高,他的才华就发展得越快。"在自己的心目当中,你认为自己是什么,最终你就会是什么。不论过去怎么不幸,经历过什么样的失败,那都不重要,重要的是你对未来必须充满期望。

多年前,有一位叫亨利的美国青年,从小在孤儿院长大,身材矮小,长相也不好,讲话又带着浓重的乡土口音,所以一直很自卑,连最普通的工作都不敢去应聘。30岁生日的那一天,他站在河边徘徊,几乎没有活下去的勇气。这时,他的一位好友跑过来告诉他:"一份杂志里讲,拿破仑有一个私生子流落到美国,这个私生子有一个儿子,他的全部特点跟你一样:个子很矮,讲的也是一口带法国口音的英语。"亨利半信半疑,但当他拿起那本杂志琢磨半天后,开始相信自己就是拿破仑的孙子。此后,亨利不再为贫穷、矮小、乡土口音等特征自卑,凭着"我是拿破仑孙子"的信念积极面对生活。三年后,他成了一家大公司的董事长。后经查证，亨利并非拿破仑的孙子，但这已不重要了。在"我是拿破仑孙子"这个积极的暗示中，他改变了自己的人生。

你现在就是拿破仑的后代，你也能成功。因为：
有什么样的期望，你就会选择什么样的信念；
有什么样的信念，你就会选择什么样的态度；
有什么样的态度，你就会采取什么样的行为；
有什么样的行为，你就会得到什么样的结果。
因此，要想结果变得更好，先让行为变得更好；
要想行为变得更好，先让态度变得更好；
要想态度变得更好，先让信念变得更好；
要想信念变得更好，先让自己选择更高的自我期望。

你期望自己是什么，最终你就会是什么

> 命运之神不在你的附近，而在你的体内——你必须成就自己。
> ——爱默生

如果说人生就是一个自我锻造的过程，那么成功就是将自己所拥有的"材料"——无论它是性格、知识还是经验——的价值最大化，而决定这些材料最终具有多大价值的因素是锻造师的心理期望。这就好比你是一块铁，你的内心期望自己只是一块马蹄铁，你就只可能锻造成一块马蹄铁，而不会成为价值百万的精密仪器。

第一个拿起粗糙铁皮的人可能是一个铁匠，他只是在一定程度上掌握这门手艺，但却没有眼光能将铁块升华。他认为最好的可能就是将这块铁制作成马蹄铁，如果制作成功，会自己庆祝一番。他的推理是，每磅铁皮的价值只有两三分钱，因此不值得在这上面花费太多时间或劳力。他的大块肌肉和小小的技巧只是将

这块铁的价值从1美元提升到10美元。

这时，出现了一个刀匠，他受过一点点教育，有一点点眼光，洞察力稍微敏锐一点点，他对这个铁匠说道："这就是你对这块铁的所有看法吗？给我一块铁，让我来告诉你，大脑、技术以及辛勤的劳动可以让这块铁变成什么。"他从这块铁皮上面看到的东西稍微多一点。他学习过淬火和回火等许多工艺，他也有砂轮、抛光轮以及回火炉等工具。铁块被熔化之后，被碳化成钢，取出之后进行锻造，回火，加热到白热程度，再被放到冷水或冷油中以提高韧度，最后小心翼翼地进行打磨和抛光。当所有程序完毕，他给目瞪口呆的铁匠出示了一把价值2000美元的刀身，而后者从这块铁皮中只看到价值10美元的马蹄铁。

刀匠的眼光和设想大大提升了这块铁的价值。

"如果你不会制作其他更好的东西，刀身已经非常好了，"当刀匠向另外一个工匠展示他的艺术成果时，这位工匠说道："但是这块铁的价值，你连一半都没呈现出来。我看到一个更高级、更好的用途。我对铁有所研究，对铁的成分以及它能够制作成什么都非常清楚。"

这个工匠的手法更细腻，感觉更敏锐，训练更有素，想法也更高级，决心也更大，这些让他对这块铁的了解更深，看得也更远——不只是马蹄铁，不只是刀身——他将这块粗铁变成精致的细针，并用极其精准的手法切割针眼。与刀匠的工艺相比，这种细小到几乎都看不见的针眼需要更为精巧的工艺和技巧。最后一个工匠认为自己的技艺简直到了不可思议的地步，他认为自己已经将这块铁的可能性发挥到了极限。而且，他的作品价值是刀匠作品的好多倍。

但是，瞧！又来了一个技术非常高超的技工，他的头脑更灵活，手法更细致，为人也更有耐心，也更勤奋，技术水平和所受训练都更高。他不在意地看看马蹄铁、刀身和细针，他决定将这块粗铁制作成细致的钟表发条。当其他人看到价值顶多只有数千美元的刀身或细针时，他具有穿透力的眼睛看到的却是价值上万美元的产品。

又有一位更高明的工匠出现了，他告诉大家这块粗铁尚未得到最高境界的表现。他拥有可以让这块铁创造奇迹的魔法。在他看来，即使是钟表发条也似乎稍显粗劣笨重。他知道如何将制作发条的工艺进一步延伸，如何在制作的各个阶段让工艺尽善尽美，如何对金属质地进行完美处理，从而让金属的每一寸纤维都能产生不可思议的效果。他将铁块通过多重提炼工艺处理，经过细致的回火，最后成功地将铁块制作成几乎都看不见的螺旋形细弹簧。经过长时间辛苦的工作，他终于梦想成真。他将价值几美元的粗铁提升到100万美元，差不多是等量黄金价值的40倍。

还有另外一个工匠，他的工艺可以说精妙到无与伦比，而且他的作品也鲜为人知，即使是受过教育的人也没听说过。他的这种手艺在字典和百科全书里都没有提及，他只需要一小块粗铁，便能用惊人的精确度和神奇的精巧手法进行加工制作，就连钟表发条和细弹簧都显得粗糙低劣。当作品完成之后，他向大家展示出几个带有钩子的精密仪器，牙医就是用这种仪器掏出极其纤细的牙神经。粗略来说，一磅用这种钢铁制成的带钩细丝的价值可能是等量黄金价值的几百倍。

就像每一位工匠都有自己的锻造目标一样，我们对自己的期望将决定我们会成为什么样的人。如果我们只能看到马蹄铁或刀身，我们即使付出所有的努力与奋斗也不会制作出细弹簧。

对自己的期望越高，你的生命越有价值

> 凡是少的，就连他所有的，也要夺过来；凡是多的，还要给他，叫他多多益善。
> ——《圣经·马太福音》

一个没有高远期望的人就像一艘无舵的船，永远漂泊不定，心无所依，那么搁浅是必然的，由灰心、失望而导致失败也是在所难免的。

《圣经·马太福音》中说："照着你们的信仰给你们成全了吧。"这句话的意思是说：照着你们的期望给你们成全了吧。换言之，只有期望才会有得到；没有期望，就没有得到。

那么，你正在期望什么呢？

一些人总是爱说"我期望最坏的事发生"或者"最坏的事还

没有发生"，这些人是在故意引导最坏的事情的到来。而另一些人则常说："我期望事情变好一点。"他们这是在引导好的境遇进入他们的生活。

改变你的期望，就改变了你的境遇。

□ 从自设的牢笼中释放出来

在监狱中，你会经常听到这样的短歌："你将一无所期。"这其中描述了一个令人唏嘘的光景，字句中隐含了身陷囹圄的悲哀。"你身无分文；你的孩子羞于承认与你的关系；你的老婆已经很久没出现，还有可能会与你离婚。你的生命就是这样了。别去期待会有更好的事情发生，你已得到所应得的，不会有更好的事情发生。"

可悲的是，许多"在外面"的人也活在自设的铁窗中，对着自己吟唱相同的悲歌：这是你所能得到最好的了，你不会再有更好的。你就乖乖坐着，保持安静，认命了吧。

不！你能突破这个炼狱！狱门根本没上锁。你所要做的，就是开始去期待你的生命当中将有好事发生，并且相信命运会给你一个美好的未来。

好事确实近了！

□ 跟你想要的东西交朋友

当你已经养成总是担心遭遇损失、困窘或失败的习惯时，你怎样才能改变自己的期望呢？

着手行动起来，去向往成功、幸福和富裕，为你好运的到来做准备。

做一些事，表现出你希望好运到来。

你要记住，除了作用于外部世界的活动之外，单纯的积极信念，也能形成下意识的习惯。

比如，如果你想拥有一套"房子"，就要马上为它做准备，好像你一刻也耽搁不起，如收集一些小的装饰物、桌布等。

我认识一个女人，她通过买一把大的扶手椅，使自己的信念实现了人生的大转折。一把椅子象征着一份事业。她买了一把宽大舒适的椅子，为她中意的男人的到来做准备。最后，他真的来了。

有人说："要是我没有钱买小饰品或一把椅子呢？"那你就往商店的橱窗里看一看，把它们跟你的想法联系在一起。

人要有奔头！我有时候听人说："我不去商店，是因为我什么东西也买不起。"相反，你恰恰应该去商店，你要开始跟那些你想要或需要的东西交上朋友。

我认识一位女士，她想要一枚戒指，但她买不起。她勇敢地走进一家卖戒指的商店试戴各种戒指。这使她产生了一种想拥有的意识。

"你要把自己同你注意的事物联系在一起。"保持对美好事物的关注，你就能与之建立起一种无形的联系。这些东西迟早会进入你的生活，除非你说："可怜的我，美好的梦想是不可能实现的。"

"我的心哪，你当默默无声，专心等候上帝。因为我的盼望是从他而来。"这是我从《圣经·诗篇》第62篇中节选的最重要的一句话。

在这里，心是指人的潜意识。《圣经·诗篇》的作者通过这句话是想告诉我们，一个人必须首先从自己的潜意识里期待，他才能最终得到他想要的东西。

《圣经》中说："上帝是礼物的施予者，他同时也创造了令人惊奇的渠道。"这句话的意思是，你所期望的东西可能以任何你意想不到的方式出现在你的面前，但前提是你要知道自己的期望，并为得到它做好充足的准备。

你要意识到每一次目标的实现都是靠行动得来的好事，要看到以各种面孔出现的"上帝"以及各种情景中的好事，这样你就能掌控各种情况了。只有知道你想要的是什么，你才能把你的目标从茫茫宇宙中辨识出来。

有一个女人曾跟我说，她们公寓中的暖气不供暖，她的妈妈冷得受不了。她又说："房东已明确表示，得等到一定日期才能供暖。"我回答说："你要把你的需要清楚地向你的房东表明。你要让他知道，你为此拥有多大的决心。"她说："这正是我想知道的一切。"说完，她就跑出去了。那天晚上，她们的公寓就开始供暖了。

□ "我想什么就会来什么"

只要你希望生活中发生好事，那就没有什么好事不能变成现实，没有什么美妙的事不会发生，没有什么好事不能持久。

即使你现在仍沉浸在消极的想法中，但只要你开始"救赎"

自己——"救赎"错误和罪恶是基督教的基本法则——你便能从谬误和谬误导致的结果中解脱出来。

《圣经》中说:"尽管你的罪孽显而易见,但它能被洗刷干净雪白,比羊毛还白。"在精神的世界中,只要你能抛弃消极的观点,培养出积极思考的习惯,你将会立刻迈向成功的道路。

现在,让我们来一起期盼那些意想不到的好运的到来。

附:设定期望的小窍门

第一,写下期望,这比口头说更有效,类似于承诺。例如"今年我要写出8个剧本"。

第二,制定实现期望的日期,这是很有效的方法。因为当你给自己限定时间之后,你就会抓紧眼前的时间去做自己想要做的事情。如果你想10年后成为业内有名气的剧作家,那你从现在开始就应该创作,发表自己的剧本,让它们有机会试演,得到观众的反馈……很多人有期望,却没有制定行动的时间表,这样到头来时间还是在纠结和徘徊中浪费了。

第三,让期望更翔实。"我要很快提高销售业绩",这样的说法还是有点笼统,而"我要在某个时间前提高5%的业绩"则更加翔实。或者把"我要变得更健康"换成"我要在某个时间前坚持一周四天跑步两千米"更有益。

当我们说期望时，金钱不是它的定义

> 我无法容忍任何一个人在我面前摆阔，即便他富甲天下，也绝不可以。我要向他明确表示，即便是没有了他手中财富的帮忙，我照样可以有所成就。享乐也好，荣耀也罢，都不可能收买我。尽管我不名一文，连面包也要靠这个富人供给，但他对我而言也不过如此。
>
> ——爱默生

□ 只有思想才会令肉体真正富有

富兰克林曾经说过，金钱不会使人快乐，世上没有什么财富能够直接制造出幸福。一个人拥有的越多，想得到的就会更多。金钱无法填补欲望的真空，它只会制造出新的真空。巨额的银行存款账户从来都无法造就一个真正富有的人。

只有思想才会令肉体真正富有。如果一个人的思想很卑劣，他纵然拥有再多的金钱或者土地也绝对不会成为真正富有的人。如果思想卑劣就算是贫穷的话，那么即便他是一国之君，掌握生杀大权，也一样只是一个穷人。

判断一个人究竟是富有还是贫穷，标准并不是要看他拥有什么，关键是要看他是怎样的一个人。

每一份职业、每一个行当都散发着自身独特的魅力，对选择这一职业或行当的人许以种种好处和诱惑。期待成功的年轻人千万不要让自己被它们的表象所迷惑，而要将自己最宝贵的生命投入到正确的事业当中。

拉斐尔没有金钱，却拥有真正的财富——快乐。毫不夸张地讲，他已经成为家喻户晓的人物，所有的方便之门都对其开放，任何他所到之处，都充满了欢声笑语。

亨利·威尔逊同样没有金钱，但他却是真正的富人——拥有高贵灵魂的富翁。在衡量或者筹划某项事业之前，他常常会问自己这样一个问题："做这件事情正确吗？会带来好的后果吗？"这位昔日的纳蒂克的鞋匠一生都保持着非凡的审慎，从不曾将自己尊贵的职位当作是聚富敛财的工具。当他被任命为美国副总统时也依然并不宽裕，为支付庆典的费用，他还要向自己的好友查理斯·萨姆纳参议员借100美元。

《安魂曲》的伟大作者莫扎特连安葬自己的费用都捉襟见肘，但是，他却为这个世界贡献了十分宝贵的财富。

拥有快乐和高贵的灵魂，即便是身居陋室，也依然安之若素，这是工于心计者根本无法企及的境界。那些致力于提升人类文明的人们，纵然身后一文不名，他们也依然是真正的富有者，后来者将会为他们树立起一座座丰碑。

在伟大的平民威廉·皮特（曾担任英国首相）看来，与公众的利益和尊严相比，钱财完全可以被视若粪土。可以说，他一生都保持了清白本色。我们为之奋斗的那些目标才真正成就了生命的传奇。

无论性别，一个人的成功都应当以他或她为周围人所创造的幸福多少来衡量。高尚的德行总会迎来不尽的财富。但是，如果一个人拥有的仅仅只是金钱，那么即便是数以亿万计，它也终将会枯竭。

品格才是永久的财富。与品格高尚的人相比较，那些纵然是拥有万贯家财的富翁也会相形见绌，"贫穷"得如同乞丐一般。

丰富自己的灵魂，你将永远不会变得贫穷。这份宝贵的财富将永远伴随着你，洪水无法将它席卷而去，烈火也无法将它付之一炬。富兰克林告诉我们："如果一个人将财富存储在自己的头脑之中，那么，任何人都将无法夺走。智慧的投资必将获得最为丰厚的回报。"

对我而言，只有这些才是真正高尚的美好事物：善良的心灵远胜过权势，简单的誓言远胜过诺曼底人的歃血之盟。

□ 面对金钱，要学会知足

金钱从来就不是快乐的原动力，它只会教唆你："得到更多，得到更多。"

有这样一个故事，一艘行驶在加勒比海上的船只遭遇不幸，即将沉没。正当大多数船员都已准备登上救生艇而弃船逃生时，甲板上的一个水手却在贪婪地往自己的兜里塞着大把大把的西班牙金币。闪闪的金币已经让他欲罢不能，当船体开始沉没时，这位水手便怀抱着心爱的金币一道沉入大海。

奢望得到更多，你终将贫穷；奢望得到一切，这就是贪婪。

苏格拉底说："安贫乐道者是最富有的人，因为知足才是真正的财富。"爱默生也曾慨叹："哎，看看那些可怜又可笑的守财奴，像他们这样的富有是怎样的一种可悲！"

在挖掘出的庞贝城废墟中，一具骨骸仍保持着伸出手，紧紧地攥住一些金子的姿势。生活在英格兰赫尔（Hull）城的一个商人，临死前还仍然用手紧紧地抓着枕头下面的一袋子钱，即使面对即将死亡的巨大痛苦也没有让他松手。

"哦，有眼无珠却偏偏奢望自己可以做出明智的决定。那些可悲的人手里抓着糠麸，却烧掉了谷粒；他们拥有着财富，却不晓得如何使用。可以说，他们获得了一切，唯独没有获得真正的富有。"

一个穷人正在嘲笑富人不懂如何自得其乐。这时，走过来一个陌生人，给了这位穷人一个神奇的钱包，钱包里总是装着一枚达克特硬币（ducat，旧时流通于欧洲各国的钱币）。只要他拿出一枚硬币，就会有另一枚硬币出现在钱包里。除非他把钱包扔掉，否则他就要不停地从里面取出新出现的一枚硬币,永远没有时间和精力去花掉那些他已经取出的钱。就这样,为了"再多得到那么一点点",他不停地从钱包里取出刚出现的下一枚硬币,却始终忽略了什么时候该停下来去享受这些财富。直到临死前,这个可怜的人还在计算着自己的百万财富。

一次,命运之神碰到一个乞丐,并许给他一个愿望:命运之神会在乞丐的袋子里装上金子,他想要多少就可以装多少。不过这一切都有一个前提,一旦接触到地面,这些金子马上就会化为尘土。乞丐高兴地打开自己的袋子,让命运之神不停地向里面装更多的金子。终于,袋子被撑破了,所有的金子掉在地上,化为乌有。

□ 不要羡慕别人十字架上的珠宝

在这个竞争激烈、适者生存的时代,最重要的一条教训就是:要学会如何在没有金钱时,享受真正的幸福;如何在未获得世人公认的成功之时,学会正确地生活。

一个疲惫的妇人被带到了一处摆满了十字架的地方,所有的十字架的样式和大小都不尽相同。其中最漂亮的是一个镶嵌着宝石的十字架,这个十字架非常小巧而精美。妇人便忍不住用眼前的这个十字架换下了自己身上那个简单的十字架。得到了如此轻巧、可爱的十字架,妇人变得非常欢喜。可是好景不长,这亮闪闪的十字架很快就变得越来越重,妇人的脖子也随之越来越痛。于是,她又选择了一个缠绕着花朵的漂亮十字架。可是很快,花环下的尖刺又刺破了她的肉。最后，她看到了一个最普通的十字架，上面没有了珠宝，没有了雕饰，只镌刻着一个字——"爱"。选择了这个十字架，她感到非常舒适，它是所有十字架中最合适的一个。然而，她却惊奇地发现这正是自己最开始丢弃的那个十字架。

人们总是很容易看到别人十字架上的珠宝和花朵，但是，只有亲身体验者方知其中的刺痛和重负。在我们的眼中，与自己的重负相比，别人的一切总显得那般轻巧！在美丽和舒适的背后，我们未曾意识到那些几乎可以摧毁心灵的、不可见的重负，也没有看到最终的成功前漫长的等待。

第三章

一念之转，把内心变成天堂

叔本华说:"事物的本身并不影响人,人们只受对事物看法的影响。"我们可能无法左右事情,但我们至少可以调整认知。其实,许多事情我们只要转变认知方式,换个角度看一看,就会顿觉世界变了样。

有一个年轻的美国军官接到调动命令,人事令上将他调派到一处接近沙漠边缘的基地,他不想让新婚的妻子跟着他离开都市前往受苦,但妻子为了证明夫妻同甘共苦的深情,执意要陪同他前去。

年轻军官在驻地附近的印第安部落中找了个木屋将妻子安顿好,此地夏天酷热难耐,风沙多且早晚温差变化极大,更糟的是部落中的印第安人不懂英语,连日常的沟通交流都有问题。过了几个月,妻子实在是无法忍受这样的生活,于是写了封信给她的母亲诉说生活的难熬与艰辛,信末还说她准备回到都市生活。她的母亲则回信跟她说:"有两个囚犯,他们住同一间牢房,往同一个窗外看,一个看到的是泥巴,另一个看到的则是星星。"

这位妻子看完母亲的信件后便对自己说:"好吧!我去把那些星星找出来。"从此,她改变了生活态度,积极走进印第安人的生活里,她学习编织和烧陶,逐渐迷上了印第安文化，她还认真地研读许多关于星象天文的书籍，并运用沙漠地带的天然优势观察星星，几年后她出版了关于星星的研究书籍，并成了星象天文方面的专家。她常常在心底这样跟自己说："打败自己的不是环境而是自己。"

如果我们总认为周遭的环境不好或遇人不淑……那么，怨怼、烦恼就会像盘根错节的藤蔓般纷至沓来，使自己无法看到好的一面，以及更多美好的事物。

每个人都可以是自身的改造者。在生活中不断给思想注入一些积极的想法，是促使自己突破环境的障碍而积极成长，并提升能量的源泉。俗语云："有心铁杵磨成绣花针，无心举手折枝也嫌难。"静下心来，认真、用心地观察，往往就能找到生命的依归与生活的目标，并从中打造出属于自己的那颗耀眼星星。

对折磨你的人和事，说声"谢谢你"

> 自然赋予我们的困难越多，我们收获的智慧就越多。
>
> ——爱默生

在追求人生的新高度时，谁都不会一帆风顺，谁都免不了遇到各种挫折和逆境。此时，如何正确看待这些令人纠结的境遇，将决定一个人未来成功与否。

诸如"逆境成就伟大""风筝逆风而飞，非顺风而飞"这样的谚语警句数不胜数。"我们说过很多次，"哈里埃特·马蒂诺提及她父亲生意失败时说，"如果那时我家并未债台高筑，我们可能就像外省女人那样过着经济拮据的生活，每年靠做些针线活勉强度日。然而，正是由于深陷困境，我们不得不拼命工作，就在我们努力而有效的工作过程当中，我们结识了朋友，在经济上获得了独立并为自己赢得了声誉，还体验到了各种不同的生活。简而言之，是逆境给了我们机遇。"

☐ 失败往往是成功的开始

一位杰出的科学研究者说，当他遇到一个明显无法逾越的障碍时，通常发现自己已站在某项发现的边缘。

失败会唤起人的潜在能量，激发人的潜在目标，最终获得成功。正如牡蛎会将烦扰它的沙子转变成珍珠一样，有勇气的人会将失望转变成有利因素。"那些批评的声音对于你来说，就像狂风之于老鹰，是驱使它们飞得更高的力量。"

只有将绳子往下拖曳，风筝才会飞翔。生活也是如此。身负多种责任的人会飞得更高更远，而那些单身汉则没有任何责任支持他们稳定前行，他们总是随风飘摇，毫无追求。

成千上万有天赋的人最终却被世界遗忘，皆因为他们从未遇到过足以激发他们潜能的失败与困难。

记住，眼前的失败可能会阻碍我们前进的步伐，但它不过就像河中的冰块或碎片，只是造成暂时的旋涡，但这反而会使它积聚更大的力量，最终它将会扫除一切障碍，更为猛烈地冲向大海。

如果种子挣扎着在石头缝中发芽，奋力吸收阳光和呼吸新鲜空气，然后挺过狂风暴雨，熬过雪冻霜打，那么它的纤维会更加坚硬强壮。

"把你们的爪子伸向我吧。"门德尔松进入伯明翰管弦乐队时对批评家们说，"不要告诉我你们喜欢什么，只要说你们不喜欢什么就行了。"约翰·亨特曾说过，医生如果没有勇气将自己失败的案例公布出来，那么他的外科手术永远不会有丝毫的进步。

"应该让年轻人知道，不要指望实现理想目标的道路会一帆风顺，"皮博迪博士说，"很少有人在没有经历过任何挫折的前提下就能到达某个较高的位置。应该明白，失败并不一定像它表面上看到的那样，其可能会成为有利因素而不是障碍。最有用、最有益的锻炼莫过于跨越失败。"

《堂吉诃德》是塞万提斯在马德里的监狱里创作完成的。他实在太穷困了，写到最后的时候甚至都没有纸了，他不得不在皮革碎片上创作。他去求助一位富有的西班牙人，但得到的答复却是："天堂禁止我救济穷人，正是由于他们的贫困才成就了世上的富人。"

"在我的生活当中，让我变得更强大的不是胜利，而是失败。"塞登汉姆·珀因茨说。

□ 逆境是上天造就人的手段

逆境能唤醒伟大的品质，让实现伟大成为可能。多少个和平年代才会造就一个格兰特？和平年代永远也诞生不了一个俾斯麦。如果不是因为奴隶制度，菲利普斯和加里森可能永远也不会被载入史册。

最好的工具、最强的韧度都是来自火炼，刃口来自研磨；最高贵的人格，也是经过同样的方式练就而成。

哲学家康德观察到，一只鸽子需要克服的唯一障碍就是空气阻力，因此可以假设，如果没有空气阻力，鸽子飞行得应该更加迅速而轻松。然而，如果空气真被撤走了，鸽子马上就会坠落地面，根本就飞不起来。空气阻力为飞行带来障碍的同时也是任何飞行的必备条件。

从同一棵树上摘两粒一样的橡树种子，将一粒种在山上，另外一粒种在浓密的森林里，观察它们的生长情况。孤独屹立在山上的那棵橡树经受各种暴风雨雪的袭击，它的根部朝四处延展，紧紧地缠绕住岩石，深深地穿透土壤。它的每一个细根都在帮助这个"巨人"坚韧地成长，它似乎也参与了与天气的激烈斗争。每当上面的部分生长受阻，这棵树就会尽力将根部向下生长以获得更为坚固的根基。接下来，这棵橡树又会再次骄傲地恣意生长，准备随时迎接狂风暴雨的到来。狂风肆虐，橡树宽大的树枝在风中乱舞摇曳，似乎有棋逢对手的快感，结果橡树从树心到树皮的每一个细小的纤维都变得更加坚韧。

而生长于森林里的那棵橡树却长成为一棵虚弱、纤细的幼苗，因为在周围树木的庇护之下，它无须延展根须以求更坚固的根基。

《圣经》中说，上帝要成就一个人，不会把他送到恩遇这所学校，而是送他去逆境这所学校。圣保罗被关押在罗马小牢房里；约翰·胡司被钉在康斯坦茨的刑柱上——他们所遭遇的逆境最终成就了他们自己。

有一次，有两个拦路抢劫的强盗路过一个绞刑架，其中一个大声喊道："如果没有绞刑架，我们的工作简直是前程似锦啊！""嘘，你这个笨蛋，"另外一个答道，"绞刑架就是为我们而造的，因为，如果没有绞刑架，每一个人都可以成为强盗。"

任何一门艺术、任何一种职业或任意一项追求都是如此，正是困难才让没价值的竞争者退避三舍。

"成功来自克服逆境的奋斗。"斯迈尔斯说,"没有逆境,就无所谓成功。在这个必要的努力过程中,我们发现逆境是人类的进步——个人及国家的进步的主要源泉。大多数技术发明与时代进步都源自于此。"

一旦雏鹰能够飞翔,老鹰就会将它们踢出去,并帮助雏鹰将羽绒和羽毛从身体上扯下来。小鹰所经历的这些残暴体验才使得它成为鸟中之王,它在捕捉猎物时才能表现得如此凶猛而老练。

那些被踢出去的孩子们通常都会出人头地,而那些从未经历过恶劣环境考验的孩子通常不会脱颖而出。

逆境是凿子和锤子,将坚强的生命雕琢得异常美丽。山边粗糙的岩脊抱怨打钻和爆破破坏了它世世代代以来的平静,它不满意于被分裂成粉末,被凿石匠捶打雕琢。但是再看看那些雄伟壮观的雕塑和纪念碑,在公共广场屹立数百年,讲述着那些英勇者的辉煌历史。如果不被爆破、凿割、磨光,雕像会永远地沉睡在大理石当中;如果不经受苦难的爆破,对障碍的凿割以及无数次烦人的砂纸打磨,人类更为崇高的自我将永远深埋在生命未知的采石场中。

许多人因濒临毁灭而被拯救。击碎他最珍贵希望的闪电,同时在他的黑暗生活中开启了一道全新的裂缝,让他看到自己以前从未见到过的自己;埋葬他最珍贵希望的坟墓,同时给了他以前连想都没想到过的耐心、耐力与希望。

"逆境是一位严厉的导师,"埃德蒙·伯克说,"它让我们的意志更加坚强,让我们的技能更加娴熟。我们的敌手就是我们的帮手。这种与逆境做斗争的过程让我们熟悉自己的目标，迫使我们从各个方面考虑这个目标，让我们不再肤浅。"

逆境让愚者恼怒，让弱者气馁，但却能激发智者与勤奋者的潜能，它会让谦逊的人展示技能，让富有的人心怀敬意，让无所事事的人变得勤奋。

□ 感谢折磨你的人

热爱我们的敌人，这是一个很好的哲学命题，因为从某种意义上讲，敌人是我们最好的朋友。当别人批评我们时，告诉我们真相的其实是他们。他们尖刻的讥讽以及不留情面的指责都是让我们认清自己的明镜。

这些不友善的刺激通常会激励我们迈向更伟大的成功与更高尚的事业。朋友对我们的错误照单全收，很少责备，敌人却毫不心软地照亮我们的弱点。这些揭露虽然像外科大夫的手术刀一样令我们感到恐惧，但它们却有利于我们的成长。他们一针见血的批评和揭露，让我们下定决心不受轻蔑和自卑的影响。

我们会战胜对手，我们战胜他们所需的一身功夫正是得自于同他们的斗争。如果没有他们的刺激，我们永远也不会自我反省，永远也不会自我激励，正如橡树的强大就是经受住了狂风暴雨的无数次考验一样。我们的麻烦、悲伤与难过都是以同样的方式在鞭策着我们。

所以，请感谢折磨你的人！

老天会给每个人都留下足够多的机会

> 机会对于不善利用机会的人而言是什么？它就是一颗未受孕的卵，时光的波涛会将它冲向虚无。
>
> ——乔治·艾略特

□ 转变看待机遇的角度

"现在的年轻人不再有什么好机会了。"一位年轻的法学学生向丹尼尔·韦伯斯特抱怨道。"机会始终都有，"这位伟大的政治家、法学家答道，"只是能发现机会的人越来越少。"

在这样一个成千上万的穷人子弟成为富商巨贾、出身卑微的孩子通过自身的努力最终占据最高职位的时代，怎么会没有机会？我们当中的许多人都认为自己很贫穷，但其实只要用心去发现，我们的机会实则很多。

巴尔的摩的一位女士在一次舞会上丢失了一条珍贵的钻石手镯，她猜测是有人从她的披风口袋里偷走了它。数年之后，她极度贫困，她在皮博迪音乐学院打扫台阶时还要考虑到哪儿去弄点钱购买食物。当她拆开那件破旧的披风，想要用它做一个兜帽时，就在披风内衬里面,她发现了那只钻石手镯。在她一贫如洗的日子里,她却全然不知她有着一笔 3500 美元的巨款。

每个人的生活当中都充满机会。学校里的每一堂课都是一次机会,每次考试也都是生活中的一次机会,每一个病人也是一次机会,每一篇文章也是一次机会,每一位客户也是一次机会,每一次布道也是一次机会,每一次交易也是一次机会——这些都是表现教养、展现人格与诚实品质以及结交朋友的机会。

往往是那些无所事事的人才会抱怨没有时间和机会,勤奋的人反而不会。有些年轻人从一些零星的机会中所获得的东西比许多人一生中的收获还要丰富,而对于这些不起眼的小机会,大多数人都是毫不在意,以致与它们失之交臂。就像蜜蜂一样,它们从每朵花中都能采到花蜜。在有心人看来,每天遇到的人及面临的环境,都会为他们的知识储备或个人能量注入营养。

□ 小机会往往蕴藏着大机遇

成千上万的人从一些不起眼的机会当中发家致富,而有些人却对这些小机会视而不见。同样一朵花儿,既能让蜘蛛中毒,也能让蜜蜂采出花蜜。这就正如有些人能从最常见、最低微的事情当中获取财富,比如碎皮革、棉纱头、矿砂、铁屑等,而另外一些人却只能从这些事物当中品尝到贫穷与失败。

任何让人类感觉幸福与不幸福的东西,只要加以改善,我们都能从中发掘出财富,比如一件家具、一个厨房用具、一件衣服或一种食物等。

　　生活中到处都隐藏着机会，它就等着有着敏锐的观察力的眼睛去发现。

　　有一位艺术家长期在寻找一块檀香木，希望用这块檀香木雕刻一尊圣母像。正当他绝望地想要放弃，他的毕生梦想即将付之东流的时候，他突然做了一个梦，梦里有人吩咐他用一块本来要用作柴火的橡木雕刻圣母像。他听从了这个梦境，用一块普通的木柴雕刻了一件杰作。

　　我们中的许多人都是在等待用檀香木来完成我们的雕刻，以致浪费掉大量的机会，而这些机会就藏在我们即将烧掉的普通木柴当中。有人穷极一生也看不到成就伟大事业的机会，而站在他身边的某个人却从同样的环境中抢走机会，成就了伟大事业。

　　当固体浸入灌满水的容器时，所有人都注意到溢出来的水，但却没人想到物体排出的水量就是物体的体积这个知识。但当阿基米德观察到这个事实时，他从中发现了一个测量物体体积的有效方法。

　　从树上落下来的苹果不计其数，经常砸到那些心不在焉的人的头上，仿佛想要引起他们的思考，但牛顿却从苹果落地这一现象引发出思考，从而提出万有引力定律。

　　自古以来，闪电令人目眩，雷声让人刺耳，但无处不在的巨大电能却未能引起任何人的注意。雷声霹雳一直令人恐惧，直到富兰克林通过一次简单的实验，证明闪电不过是一种能量的显现而已，这种力量虽不可抵抗但可控制，犹如空气与水一般。

科尼利厄斯·范德比尔特就在汽船行业看到了自己的机会，于是决定投身汽船航海事业。他的这一举动令所有的朋友大跌眼镜，因为他放弃了正开展得风风火火的事业，却跑去指挥第一批汽船起航，而当时他的年薪只有1000美元。利文斯顿与富尔顿当时获得纽约水域的独家汽船航行权，但范德比尔特认为独家汽船航行权不符合法律的规定，表示不服，他一直斗争直到这项规定被废除为止。于是他很快就拥有了一艘汽船。当时政府的大量补贴都用在运输欧洲邮件方面，他提出免费运输邮件，并提供更好的服务。他的建议被采纳了，通过这种方式，他很快就建立起庞大的货运与客运网络。

预见到铁路业在美国的巨大发展前景，他于是又全力以赴地投入铁路事业，这为如今庞大的范德比尔特系统奠定了基础。

洛克菲勒从石油中看到了自己的机会。他看到美国许多人家都点着非常暗淡的油灯。当时，石油储备其实非常丰富，但由于提炼过程过于粗糙，导致石油的提炼产品质量低劣，并且使用起来很不安全。洛克菲勒的机会来了。他与萨缪尔·安德鲁斯合伙，后者是他曾经工作过的工厂里的一名搬运工，洛克菲勒利用其合作伙伴发明的改良的石油提炼方法，在1870年开始出售第一桶"蒸馏"石油。

提炼出优等石油使他们迅速发迹。第三个合伙人弗莱格勒加入进来，但安德鲁斯很快就开始感到失望。"你想要拿走多少利润？"洛克菲勒问道，安德鲁斯漫不经心地在一张纸上写下，"100万美元。"

洛克菲勒在24小时之内交给他这个数目，对他说道："比起1000万美元，100万美元不过是区区小数。"在以后的20年内，原本厂房与设备几乎不到1000美元的小提炼厂已经发展成为标准石油信托公司，运营资本高达9000万美元，股票报价为170美元，市值达到1500万美元。

□ 机遇的头发长在脑前

"在每个人的一生当中，机遇都会造访一次，"一位主教表示，"但当机遇发现这个人还没准备好迎接它时，它就会从大门进来，从窗户出去。"

"它叫什么名字？"工作室的一位访客看着众神当中一位长发遮面、脚生双翼的神仙问道。"机遇之神。"雕塑家答道。"为什么看不见它的脸呢？""因为当它来到人跟前时，很少有人认出它来。""他的翅膀为什么又长在脚上呢？""因为他很快就消失了，而且一旦消失，就再也追赶不上了。"

"机遇的头发长在脑前，"一位拉丁作家说道，"脑后不生头发，如果你从前面抓住它，你就有可能掌握它，但如果它不幸逃逸，就连朱庇特也不能够再抓住它。"

"我碰上那艘命运多舛的'中美洲'号轮船，"一位船长说道，"也是注定。当时夜幕降临，海浪翻滚。但当我向那艘被损坏的轮船上的人们示意，问他们是否需要帮助时，'船正在下沉。'海姆顿船长大声喊道。'您是否让乘客直接上我的船？'我问道。'等到明天早晨再说吧！''可您的船能等到天亮吗？'海姆顿船长答道：'我会尽力的。'我要求道：'但您现在最好还是让乘客上我的船吧。''等到明天早上再说吧！'海姆顿船长再次喊道。

"我的船努力陪在他的船边，但夜间海上巨浪翻腾，我简直无法维持自己的位置，后来我再也无法看到那艘轮船——他的船只连同船上的乘客全都沉没于大海。船长、全体船员以及所有乘客都葬身于大海。"

当一切都无能为力的时候，海姆顿船长才意识到之前所忽略的机会的价值，但当最终危急时刻来临之际，一切已于事无补，只剩下自我谴责和痛苦。由于他的盲目乐观与优柔寡断葬送了多少无辜的生命！和海姆顿船长一样，意志薄弱、行动迟缓和没有决心的人从来不懂得居安思危，直到为时已晚，他们才理解了"机不可失，时不再来"这个古老的教训的深刻内涵。

面对要尝试的所有事情，这些人不是太早，就是太迟，"这些人每人都有三只手，"约翰·果夫说道，"左手、右手和一只拖后腿的小手。"在孩提时代，他们经常上课迟到，不按时完成作业。他们逐渐养成了这样的习惯，现在，当需要他们承担责任的时候，他们就会想，如果他们昨天不在，就不需要承担这份责任了，或者也许可以将这份责任推到以后。他们相信自己有大把的赚钱机会，也知道自己将来某一天也许能够成功，但成功之日却不是现在。他们能够看清如何在将来实现自我完善或者帮助他人，但却察觉不到眼前的机会。他们无法抓住自己的机会。

乔·斯托克是一名普通旅客列车尾部的制动员，所有铁路职员都非常喜欢他，乘客们也都很喜欢他，因为他乐于助人，对于乘客们的问题总是有问必答。但他却未曾意识到自己职位的全权责任。他"太不把这个世界当回事了"，还不时喝得醉醺醺的，如果有人善意劝诫，他报以最灿烂的笑容，答道："谢谢你。我没事，不用担心。"语气仿佛是朋友在大惊小怪。

一天晚上，下起了暴风雪，火车延误。乔对于因暴风雪而造成的麻烦颇有微词，时不时地对着酒瓶呷上一小口。他很快就开始有点微醉，但是列车长与司机都保持着高度的警惕，对他的行为有点担忧。

列车突然在两站之间停车。司机熄灭气缸盖，一辆快车预定在几分钟之内将会出现在同一条轨道上。列车长匆忙赶到列车尾部，以危险信号命令乔过来。这位制动员却笑着说道："不用急，我去拿大衣。"列车长严肃地答道："一分钟都不能耽搁，乔。快车就要到了。""好吧。"乔笑嘻嘻地说道。列车长然后匆忙来到司机跟前。

但这位制动员并没有马上过来，他穿上大衣，为了防寒，他又对着酒瓶啜饮了一小口。然后他才抓起提灯，吹着口哨，悠闲自在地沿着轨道走过来。

他还没走十步,就听到快车的噗噗声。等他朝快车跑去的时候,为时已晚。就在这可怕的一刹那,快车车头把停在那里的火车挤压得缩了进去,伤残乘客的尖叫声混杂着蒸汽泄露的嘶嘶声,乱成一片。

第二天,大家在一个谷仓里看到乔,他当时已经神志不清,手里晃动着一只空空的提灯,他想象自己在一列火车面前,嚷着"哦,都怪我!"他被带回家里,后来又被送到一家精神病院,再也没有什么声音比在这个伤心之地听到一个不幸的制动员不停的呻吟声"哦,都怪我!哦,都怪我!"更令人心碎了,正是他的放纵为众多生命带来灾难。

"哦,都怪我!"或者"哦,这不怪我!"是许多人在回顾自己过去所犯的错误时无声的哭泣。

在每个人的人生道路上都可能会出现导致转机的一线机会,如果错失,整个生命行程就会充满浅滩与痛苦。我们必须顺势而上,否则就会失去机会。

不必为眼下的贫困担心

> 我的王冠不在我的头顶而在我的内心。我的王冠就是满足，它不需要宝石的镶嵌。至高无上的帝王，也未必能拥有这顶宝贵的王冠。
>
> ——莎士比亚

□ 没有人会因财富供应不足而受穷

没有人贫困是因为机遇不会远离人，没有人贫困是因为别人不会用篱笆墙把财富圈起来、垄断起来。你或许无法从事某些行业的某个工作，但是还有其他行业的大门正向你敞开。

就人类目前的智慧而言，我们看得见的供应已经相当富足，我们尚未发现的供应更是取之不尽。之所以这么讲，是因为宇宙空间存在着一种叫宇宙能量的东西，万物之形皆出自这种宇宙能量的运行。相对于人类的需求来说，宇宙能量的供给是无穷无尽的。

宇宙空间及物体与物体之间充满了宇宙能量。这种能量按规律运行，不同运行规律表现为不同事物。宇宙能量具有无限的活力和创造力，常常创造出更多的物质。宇宙能量的供给之丰盈富足，即便再创造一万个我们现在所居住的星球也不会被消耗殆尽。

因此，没有人会因为自然的贫乏而受穷，或者因为没有足够的供应而受穷。人类作为地球上的一个物种，总体上是越来越富有，越来越壮大的，偶然会有个体贫穷，那是完全因为他没有按照以下"致富规律"行事。

☐ 要创造财富，而不是与人争富

人生而平等，任何人都有表达和实现自我价值的权利，切不可为自我的致富而去减损他人的财富，所以，你一定不要存有争夺的想法。你要去创造，而不要去争夺已经被创造出来的东西。

你万万不能拿走别人的东西。

你万万不能去拼命杀价。

你万万不能去欺骗，去占便宜。你必须给那些为你工作的人按劳付酬。

你万万不能觊觎别人的财产，甚至不能用带有渴望的眼神去看一眼。别人拥有的东西，你不能拿走，通过创造你同样也能拥有。

你将成为一个创造者，而不是争夺者。通过创造，你可以得到你想要的一切，但要以合理的方式。

当你得到时，别人可以得到更多。

诚然，这个世界上确实有这样一些人，他们挣到了大量的钱财，而其所用方法可能与我上面讲的相悖。对此，我要说明的是，以此种方式起家的富人们之所以能够发家，部分原因是他们在竞争上的杰出能力，以及人类迈向大规模生产的客观需要。洛克菲勒、卡耐基、摩根等人在大规模生产并使之制度化方面不自觉地起到了巨大的作用，而他们所做的一切终将会为人类带来福祉，但是他们的时代就要结束了。站在他们肩膀之上的后来者将取代他们，推动新的分配机制的产生。

在竞争中获取的财富永远不会令人满足，也不会持久。它们今天是你的，明天可能就是别人的。请记住，如果你要科学致富，就必须彻底摆脱争夺的念头。一旦你的大脑里充满争夺的念头，你的创造力就会立刻消失。更糟的是，你已经开始的创造性活动可能也会被扼杀。

永远不要只盯着已经创造出来的财富，要一直盯着宇宙能量中蕴藏的无限财富。要知道，只要你能尽快拥有并利用它们，你就会拥有财富。没人能靠聚敛已经创造出来的财富来阻止你得到属于你的财富。

所以，永远不要担心当自己准备建造房屋时，所有最好的地皮都会被占用殆尽。永远不要因担心那些托拉斯和其他的垄断企业会很快占领整个世界而忧虑。不要担心有人会"捷足先登"，以致你得不到自己想要的东西。这样的事不可能发生。你寻求的并不是属于别人的财富，你可以通过宇宙能量来创造你所需要的，这种财富是无限的。

□ 如何将财富吸引到你身边

你必须在脑海中形成一幅清晰的画面，明确自己想要的，否则你就不可能将某个想法转变成现实。

你必须先拥有某种想法，否则你就不能把它实现。许多人之所以没能获得自己想要的成功，就是因为他们对于自己想做的、想要的和想成为什么样的人只有一种模糊不清的概念。

对拥有财富和"我要好好生活"只抱着一种泛泛的渴望是不够的。"我要去旅行""我要见识世界""我要生活得更好"等这类愿望是无效的，因为它们都太模糊。这就好比你要给朋友发个信息，你不能把26个字母按照顺序发过去，让他自己组合信息，也不能随意从字典里找些单词传给他，你得发给他一段意义明确的连贯句子。当你试图将自己的想法传递给宇宙能量时，要牢记必须通过连贯的语句才能成功。你必须明确界定自身的需要。你如果只发送不成型的渴望和模糊的意愿，你永远都不能获得财富，或者开始卓有成效的"创造财富"行动。

重新思考你的愿望，明确你想要什么，然后在脑海中形成一幅清晰的画面，并描绘出获得它的途径和步骤。

你必须将那幅画面时时刻刻牢记在心，就像水手牢记他的船所驶向的港口一样；你必须时刻谨记这一画面，就像舵手专注于指南针那样专注它。

当然，你不必专门练习如何关注它，也不用额外抽出时间祈祷和确认，更不用举办任何神秘的仪式。你所需要做的就是两点：一是弄清楚你想要什么；二是让自己热爱这些你想要的东西，热爱到痴迷的程度，痴迷到这些美好的东西能一直牢牢地印在你的脑海当中。

你所描绘的画面越清晰、越明确，你就会越努力地仔细研究它，将其中所有令人兴奋的细节引导出来，进而你的渴望也会更加强烈，这样，你就能更加容易地将自己的注意力集中在你渴望的事物上。

不过，除了单纯地勾勒清晰的画面外，还需要其他条件。如果只是描绘画卷，你充其量只能算是个梦想家，你获得成功的希望仍然很渺茫。

换言之，除了清晰的画面之外，你还必须具备实现它的意愿，让你有足够的动力将它切实地创造出来。

你必须拥有一种坚定不移的信念：这一切已经属于你，它就在眼前，你所要做的就是拿过来而已。你要在一开始就从心理上住进你所渴望的新房子，直到最后你真正拥有了它。

想象着你渴望的一切，就好像它们一直真实地存在于你的周围，你已经拥有和正在使用它们。仔细研究你脑海中的画面，直到它变得清晰、明确，然后把拥有这一切的心理渴望运用到这幅画面中的所有事物上。在脑海中拥有这一切，坚信这一切都是你的，保持这种心理上的积极状态，不要有一丝一毫的动摇。

要心存感恩之情，要时时感谢你周围的一切，是它们帮你把愿望变为现实。从内心深处真诚地感谢宇宙万物的人，才能算是拥有真正的信念。如果你这样做了，你将获得财富，你将创造出你所渴望的一切。

但是，你不需要不断地祈祷你渴望的东西，也不必天天向上苍祷告。

你所要做的是规划你的渴望，并将这些渴望联结成密不可分的一个整体，从而让你的生活更加美好。

你不需要不断重复一些字句来加深印象，你需要做的是持续关注你想要的事物，并坚信你一定可以得到它们。

你要知道，致富并不取决于你口头讲述的信念，而是依据你工作时坚定的信念——"相信你能得到它们"。

一旦你已经在脑海中形成了清晰的画面，情况就开始转换为一个接收的过程。从那一刻开始，你就要准备好接收你所要求的一切：住进新房子，穿上质地上乘的衣服，开着汽车，四处旅行，等等。

要不断思考你所渴望的一切，就好像它们真的存在一样。设想一种完全符合你希望的环境和经济状况，然后置身其中。不过，要牢记，你不仅仅是一个梦想家，也不是在建造空中楼阁，你需要秉持坚定的信念，坚信自己的想象正在被一步步地实现，而你正为实现这一目标而努力。

内心变成天堂，才能过上天堂般的日子

> 最好的教育是赋予身体和灵魂所能够承受的所有美丽。
>
> ——柏拉图

我们可以在山谷里、水流间、草地里、花朵中发现能够令天使着魔的美丽，但我们却无法用金钱买到这种美丽和荣耀。这种美丽只属于那些能够看到它们并懂得欣赏它们的人，这些人能够读懂它们所传达的信息，并且能够对它们的吸引力做出回应。

□ 你的生活是否美好取决于你能否发现美

这个世界上充满了美丽的事物，但是大多数没有接受过训练的人都无法看到它们。我们无法看到所有存在于我们周围的美，因为我们的眼睛尚未接受过训练，因而看不到它们。我们的审美能力还没有得到开发。

培养审美能力会为整个人生增添彩虹般绚烂的色彩，以及持久的快乐。审美能力的提升不仅会大大增加一个人获得幸福的能力，同时还能够提高一个人的工作效率，因为美能够使你的情绪变得积极，让你的心灵得到净化。

美国芝加哥市的一位小学教师用一个显著的实例证明了上述观点,她在学校里为自己的学生们安置了一个"美之角"。这个"美之角"是用一块彩色玻璃窗、一把覆盖着一块东方地毯的长沙发椅,以及几张好看的照片和油画布置而成的。在那些油画之中,有一幅《西斯廷圣母》画像。另外,还有几个雅致的琐碎小物,它们充满艺术气息地布置在一起,构成了"美之角"的基本陈设。

孩子们十分喜爱这个属于他们的休憩场所,尤其是那块精致的彩色玻璃窗。不知不觉间,孩子们的行为和举止均受到了这些日常与他们联系着的美丽事物的影响。他们变得更加温柔,更加优雅,也更加周到和体贴。尤其是其中一个意大利男孩,在成立"美之角"之前,他曾经被老师们认为是不可救药的,然而,在很短的时间之内,他就改变了很多,他变得温和了,以至于那位老师感到十分惊讶。于是,有一天,这位老师就问他到底是什么原因能够令他近来表现得如此之好。男孩指着那幅西斯廷圣母画像,回答道:"当她以那样的一种神情凝望着一个小伙子之时,他还怎么能去做坏事呢?"

与审美能力相比,没有什么成就或能力能够给人们带来更大的满足和快乐了。对于美的热爱会使人们远离那些能够令他们的本性变得粗俗和冷酷的危险,它能够为人们撑起一张阻挡众多诱惑的守护盾牌。

无论是生活在贫民区中的人还是生活在殷实富足家庭中的人，他们对于美好事物的渴望都是一样的强烈。

雅各·A. 里斯先生曾经试着将鲜花从他在长岛（Long Island）的家中带给纽约茂比利街（Mulberry Street）上的"穷人"。"但是，这些花朵却从来没有顺利地到达过茂比利街，"他说，"当我从渡口走过半个街区时，我就会被一群尖叫着的孩子们团团包围，他们哭喊着，向我索要这些花束，并且不肯让我再向前前进一步，直到我送给他们每人一朵花。然后，他们就会带着花跑开，他们十分精心地守护着那朵花，一起到一个地方，在那里他们可能隐藏并贪婪地欣赏着自己的财富。

"那一刻，我学到了一个道理，那就是，有一种饥饿，比身体上所遭受的饥饿更加严重。所有的孩子都喜爱美丽和漂亮的东西。这是孩子们体内神圣的天性火花在闪烁，并且在证明它自己！从那以后，每当我们走入贫民区，我都会尽力使那里成为花园——当我们将孩子们聚集起来，送入幼儿园的时候，我们会在学校里挂上漂亮的图片；当我们建造漂亮的新学校和公共建筑时，我们会让光线、草地、花鸟进入。"

☐ 用积极的心态去发掘平凡的美

对于训练有素的人，任何事物，哪怕只是一张纸、一幅图，都蕴藏着令人愉悦的美丽。每一次日出、黄昏，每一处山地、丘陵以及森林都拥有着神奇的魅力，在等待着我们去发掘。我们不应放过任何一个训练自己审美能力的机会。

每一个灵魂都拥有与生俱来的对于美丽的响应力,但是,这种本能的对于美丽的热爱必须经由感官所感知到的事物的抚育,这种思想必须经过训练,否则它就会枯萎。

在每一片草地或者麦田里,在每一片树叶和花朵中,训练有素的眼睛都会捕捉到足以震慑天使的美丽,训练有素的耳朵将会听到森林和田野里唱出的乐曲、汩汩流淌着的小溪中回荡的旋律,以及所有自然界乐章中数不胜数的欢愉。

就算是许许多多令人作呕的东西,如果将它们置于放大能力足够强大的放大镜下去观看时,它们也会展示出我们做梦都想象不到的美丽。因此,即使是在最为恶劣的环境中,在最为严酷的条件下,当用接受过思想训练的眼睛去观看时,也将会看到一些美丽且充满希望的事物。

一个经过训练的人,将会从任何事物中提炼出甜蜜,他能够看到美遍及四方。

□ 创造美好生活是一件很简单的事

人的个性能够从很大程度上反映出他所耳濡目染的内容。风穿过树林时所发出的飒飒声,花朵和草坪所散发出的芬芳气味,大地和天空、海洋和森林、高山和丘陵中所弥漫的斑斓色彩,对于一个人真正的身心发展有着至关重要的作用。

每一幅美丽的画面、每一次日落、每一个小小的景观、每一张漂亮的脸蛋都会令我们的人格变得高尚,心灵得以净化和升华。美是一种极其强大的提神剂、复原剂、生命赋予剂以及健康增强剂。

如果你没有通过眼睛和耳朵将美带入你的生活,从而刺激并训练你的审美能力,那么你的世界就会变得冷漠无情、无滋无味,并且缺乏吸引力。

然而,现代人的生活却更倾向于扼杀美好的情感,阻碍魅力、优雅以及美丽的开发。它过度强调物质的价值,却低估了美丽事物的意义。

如果我们将生命中所有的活力和能量都融入由金钱打造出的意识中,并且令我们的社交能力、审美能力,以及一切美好、高贵的能力统统进入休眠状态,那么理所当然的,我们就不可能获得一种多姿多彩以及平衡的生活。因为,只有那些被使用的能力、被训练的脑细胞才能够继续存活和成长,而不被使用的能力和脑细胞都会逐渐萎缩和退化。

如果人类追求美好的本能以及存在于大脑中的高贵气质没能获得足够的开发,那么,那些存在于大脑中的接近于兽性的低级本能就将发达起来。如此一来,人类必将因为能力的退化而付出惨痛的代价,从而失去对于生活中所有美好事物的鉴赏力。

"你头脑中的景象,以及你心中推崇的理想——这是你用以构建自己生活的砖瓦。"对美的感知能力决定了一个人的生活是否美满。

一位上了年纪的旅行者跟他的朋友提起他曾经的一次西部旅

行,当时他坐在一位老太太的旁边,这位老人会时不时地将身子探到窗外去,并且还会从一个瓶子里向外面倾洒大量的"盐"——在他看来那似乎是盐。当她把这一瓶子倒空之后,她就会从一个手袋中取出"盐",再度填满这个瓶子。旅行者的这位朋友听了这个故事之后,就对旅行者说,他知道这个老太太,她非常喜爱花,而且还是一位非常虔诚的信徒,她十分相信那条箴言:"你走到哪里,就在哪里撒播下你的花朵,因为你可能再也不能够故地重游。"他说,由于这位老太太沿途播撒花种的习惯,她为自己途径的铁路沿线增添了极大的美丽。很多道路都因为这位老妇人对于美丽的热爱,以及她在所到之处播撒美丽的努力所美化和装点了。

如果我们都能够培养出爱美之心,并且在我们的生命旅途中播撒下美丽的种子,那么,这个世界注定将会成为一座天堂!

第四章

人和人之间产生差异的关键力量

成功者都是"精神胜利"大师，古往今来，愈是成大业者，其精神的力量愈是强大，坚定的意志品质是其成功的坚实后盾。

第二次世界大战中的"三巨头"之一、英国首相丘吉尔是一个非常著名的演说家。他生命中的最后一次演讲是在一所大学的结业典礼上，演讲的全过程大约持续了20分钟，但全程他只讲了两句话，而且都是相同的，那就是坚持到底，永不放弃！这场演讲成为演讲史上的经典之作。

并非丘吉尔故弄玄虚，台下的学生早已被这位世纪伟人的生命之音所深深震撼。丘吉尔用他一生的成功经验告诉人们：成功根本没有秘诀。如果有的话，就只有一个，那就是坚持到底，永不放弃！

人的心理如同弹簧，必须加大弹性系数，才能增强抗拉能力，否则一拉就断或拉完弹不回去了，这样的心理显然很难适应社会环境的变化。所以，每一个立志成功的人都应积极发掘心理潜能，拓展心理空间，增强意志和信念。这样，你就会坚持不懈地冲击人生的心理高度，直至成功。

永远不要说"我做不到"

> 最大的荣耀不是从没跌倒过，而是每次跌倒了都能爬起来。
>
> ——戈尔德·史密斯

"我做不到，这不可能。"一位遭受挫败的中尉对亚历山大说。"滚蛋，"这位所向披靡的马其顿人咆哮道，"只要去试，没有什么是不可能的。"

为什么会有那么多失败的案例，究其症结，如果让我用一个词来形容，我会毫不迟疑地说是由于缺乏意志力。一个人如果没有意志力，会是什么样？他就好像一个没有蒸汽动力的发动机、一个仅靠运气才能完成的运动。他永远只会到处折腾，被那些有意志力的人任意摆布。

"真正的智慧，"拿破仑说，"就是坚定的决心。"

□ 成功最大的秘诀是什么

一只精致的意大利杯子搅乱了伯纳德·帕里希的生活,从那一刻起,他就下定决心去寻找给杯子上釉的瓷釉,这个决心占据了他的内心。他经年累月尝尽各种试验去了解瓷釉的组成成分。他搭建了一个熔炉,最后以失败告终,然后他又搭建了第二个。在烧掉大量木材、烧坏大量陶器之后,结果,他还是失败了。他的钱全部化为乌有,但他又借了一些钱,买了更多的锅和木头,努力找到一种更好的熔剂。等他再次点起燃料,一直到燃料燃尽,仍然一无所获。他把花园栅栏上的木栅拆下来,扔进火海,但也只是徒劳。接着,家具也白搭了进去。储物室的架子也被拆了扔到熔炉里,高温终于熔化了瓷釉,一件漂亮的玻璃工艺品终于面世,继而风靡了世界。

成功最大的秘诀就是:坚持、意志。"如果你努力工作两周,还没卖出一本书,"一位出版商在给代理商的信中写道,"你再努力工作两周。"

正是凭借坚强的意志,人类才在埃及的平原上建造了金字塔,在耶路撒冷修建了辉煌华丽的寺庙,用坚硬的石块在中华大地牢牢筑起万里长城。

正是凭借坚强的意志,大理石石块成为天才手中精美的艺术创作,成为画布上对自然栩栩如生的再现,成为金属表面胜过风景的浮雕。

正是凭借坚强的意志，上百万只的纺锤得以启动，同样多的梭子开始飞转，成千上万的铁马套在了运输车上，在城市与城市之间、国家与国家之间往返穿梭，穿过花岗岩山脉的隧道，以闪电般的速度在地面奔驰而过。

天才往往昙花一现，而坚强的意志却能滴水穿石，赢在最后。能跑一整天的马最终会赢得比赛，而睡到下午的人会逐渐丢掉自己到手的桂冠。谁笑到最后，谁才是赢家。

"你的发现通常都是凭借良好的直觉吗？"一位记者问爱迪生，"你一天到晚躺在床上，直觉会跑到你的脑子里去吗？""我从来不做碰巧发生的事情，"他回答道，"当我决定要尝试某种实验时，我会全力以赴，不断尝试，一直到实验结果出现为止……在完成发明之前，我很难半途而废。"

具备坚强意志的人一定会有所成就，同时如果他既有能力，又有一定的知识储备，那他一定会大有作为。

看看布尔沃为了改变自己的命运，是如何与命运抗争的？他的小说处女作以失败告终，早期的诗歌创作也不成功，他在年轻时的演讲只会让对手嘲笑不已。但他就是在嘲笑与失败中奋勇前进，最终实现超越。

吉本在他的那部《罗马帝国衰亡史》上花了20年时间。

诺亚·韦伯斯特花了36年时间编著韦氏字典，他用了毕生精力搜集词汇以及为词汇定义，这是多么令人崇敬的耐心！

乔治·班克罗夫特花了26年时间完成那部《美国历史》。

提香在给查尔斯五世的信中这样写道："我给陛下寄去《最后的晚餐》，这是我在7年时间里每天工作的心血之作。"他花了8年时间创作那幅《皮耶特罗·马丁》。

乔治·史蒂芬森在15年的时间里一直研究改善他的火车头；瓦特在20年的时间里全身心地投入到蒸汽式发动机的钻研上。

哈维在公布血液循环的发现之前，辛苦工作了8年时间，他当时被自己的医生同事称作精神错乱的骗子。在诽谤与嘲笑声中等待了25年，他的伟大发现才被业内认可。

布吕歇昨天才在林尼被打败，但今天就听到他在滑铁卢的枪声，他对他之前的征服者们造成严重伤亡，令他们惊愕不已。

世界更需要意志坚定、坚持不懈的人。

"您学习演奏多长时间了？"一位年轻人问吉拉蒂尼。"每天12小时，坚持20年了。"这位伟大的小提琴家答道。当有人问莱曼·比彻花了多长时间写他那部著名的布道作品《上帝的统治》时，他答道："差不多40年。"

李白几经失败之后灰心丧气，他绝望地将书本抛到一边，这时他看到一个贫困的老妇人正在一块石头上用铁棒磨针。老妇人的耐心令他重拾信心，他决定捡起书本，最终成为中国历史上最伟大的诗人。

马库斯·莫尔顿参加了16次马萨诸塞州的州长竞选，最终他的对手因欣赏他的勇气转而投票支持他，他全票当选！如此的执着总是能取得成功。

伟大的作家都因坚忍不拔的精神而令人备受感动，他们的作品并不都是思如泉涌，随手写就，而都是经过精心安排，反复润色，一直到作品达到浑然天成的境界为止。

巴特勒主教20年来不间断地研究他的"类推法"，即便如此，他还是不甚满意，甚至想把它付之一炬。卢梭说，他轻松优美的文风只是通过不断的焦虑不安以及没完没了的修改和删减所获得。

缺乏不屈不挠的意志是许多失败者的症结所在，这会让今天的百万富翁在明天沦为乞丐。相反，有哪个真正伟大的胜利不是对坚强意志力的犒赏？

一幅让提香声名远扬的作品，提香在画架上画了8年；另外一幅，也画了7年。

伟大的作家是如何炼成的？他们是，在没有任何报酬的前提下多年坚持创作，创作几百页的内容权当练习，半辈子就像苦工一样进行创作，除了名声以外没有其他任何补偿。

"千万不要绝望。"伯克说，"但是，如果你已绝望，那就抱着绝望的心情继续努力。"大力神赫拉克勒斯的形象是披着狮皮，爪子长在下颚下面，表明当我们克服了逆境，这些逆境就会成为我们的帮手。

哦，一个不可征服的意志力是多么大的荣耀！

□ 成功就是每次摔倒了都能爬起来

这个世界欣赏那些面对困难从不退缩，能够平静、耐心地面对困难，并勇敢地与命运做斗争的人。

"当你身临绝境，所有的一切在和你作对的时候，仿佛你连一分钟都支持不下去了，"斯托夫人说，"你这时千万别放弃，因为就在此时此地，一切将会发生逆转。"

生活中的许多失败都是由于缺乏勇气和胆量而造成的。一个年轻人如果带着易屈服的柔弱性格开始其职业生涯，没有坚持到底的决心或勇气，这会令人非常遗憾。

有人问一个小男孩他是如何学会溜冰的，"哦，就是每次摔倒了爬起来。"他答道。

所谓令人羡慕的成功，其实就是士兵们一场接一场的胜利、学者们一堂接一堂的课程、工人们一次又一次的击打、农民们一茬接一茬的收成、画家们一幅又一幅的画作、旅行者们一英里又一英里的路程。

一位有前途的哈佛学生突然双腿瘫痪，医生说没有任何治愈的希望。这个小伙子决定继续自己的大学学业。主考官们在他的床边让他完成考试，他花了 4 年时间拿到学位。他下定决心研究但丁，这意味着他必须要学习意大利语和德语。尽管由于病魔不断袭击,这个年轻人开始失去部分视力,但他依然坚持到底。他还参加了大学生奖的角逐。

试想一下,一个瘫痪的年轻人,孤苦无助地躺在床上,却在与病魔和死亡做斗争!这是怎样的坚强意志!尽管在手稿出版或拿到奖金之前,这位勇敢的学生就离开了人世,但他的研究工作非常成功。

国会议员威廉·W.克拉波在大学期间半工半读的时候,由于太穷连本字典都买不起,他从达特茅斯村庄的家里步行到新贝德福德的镇图书馆以补充自己的词汇量。

正是这种不屈不挠的精神让富兰克林在印刷厂里一边手里拿着一本书,一边吃着一小块面包。正是这种精神帮助洛克在荷兰的一间阁楼里以面包和水为生。正是这种精神让饥肠辘辘、衣衫单薄的基迪昂能够在雪地里赤足行走。正是这种精神让林肯和加菲尔德在从小木屋到白宫这段艰辛的旅程中忍耐坚持。

世界上大多数的成功都是凭借坚强的意志力和无人能比的勇气实现的。具有这些品质的人,你无法击倒他们。他们会将阻碍自己前行的绊脚石变成垫脚石,用它铺成一条通向自己人生目标的成功之路。

巴纳姆在50岁的时候破产,负债数千美元,然而他下定决心准备东山再起,他在厄运中取得成功,同时还清了巨额债务。他一次次地破产,但就像凤凰涅槃那样,他总是能不断地从逆境的灰烬中爬起来，并且每次都比之前更加坚定。

"如果你告诉我，"查尔斯·J.福克斯说，"一个年轻人通过第一次精彩的演讲就备受瞩目，我会说这非常好，他可能会继续前进，也可能只满足于首次成功；但如果你告诉我，一个年轻人起初并不成功，但他却不放弃，那么我会更支持这个年轻人，而不是那些一开始便大获成功的人。"

挺住，意味着一切

> 未受过教育的人犹如采石场里的大理石，只有经过抛光器打磨之后，它内在的光泽和纹理之美才会显现出来。
>
> ——阿狄森

"耐心等待，总有结果。"这个时代最缺乏的就是耐心。一个人愿意花大量的时间和精力去为自己毕生所追求的事业做准备，这种思想在当今的年轻人中是很少见的。他们想要的只是接受一点教育，浅显地读一点书，然后就可以准备就业了。

"迫不及待"是当今这个时代的特征。男孩子迫不及待地要变成小伙子，小伙子迫不及待地要变成男人。年轻人没有足够的知识和技术储备，就急不可耐地要去就业。这样，他们从事的只能是一些报酬低且不稳定的工作，到中年他们的身体就已经垮掉，很多人在40多岁就因过劳而死。

毫无疑问，每个人都渴望能够缩短成功的路程。然而，这个世界上根本就不存在成功的捷径。只有努力工作，坚定信念并且忠实于目标才能真正缩短成功之路。不要因为在打基础时偷工减料，而让人生这座建筑毁于一旦。

□ 有耐心的人早晚会成为人上人

耐心是自然界的基本法则。在自然界，一朵花儿的完美绽放需要数载。为了雕刻出伟大的雕塑——完美的人类，自然界用了10亿年。

约翰逊说，一个人要翻遍半个图书馆的书才能创作一本有价值的书。当一位女作家告诉沃兹沃斯，她花了6小时写了一首诗，沃兹沃斯答道，他写一首诗需要6个星期。霍尔大主教花了30年时间创作一部作品。欧文斯的《希伯来书信评注》写了20年时间。摩尔在一个诗节上就要花好几个星期，所以他的诗读起来就像是天才在吟唱。

一位富人请霍华德·伯内特为他的相册做点什么，伯内特答应下来，但他要收1000法郎。"你只花了5分钟啊。"富人表示拒绝。"的确，但是为了知道如何在5分钟之内完成这件事，我花了30年时间。"

历史上，那些成就卓著者都是具备足够耐心的人。

米开朗琪罗花了整整 7 年时间，用他那无与伦比的《创造》与《最后的审判》装饰西斯廷教堂。

瑟洛·威德为了借一本关于法国大革命的历史书，用破布绑在脚上当作鞋子在雪地里走了两英里。

萨克雷在他的《名利场》被十几家出版社拒绝之后继续激情高昂地奋斗。

巴尔扎克孤独地在一间小阁楼里一边长时间地辛苦工作，一边等待。

……

这些人无论遭遇贫困、债务或饥饿，都不会感到气馁或恐惧，不会因为穷困而气馁，也不会因挫折而受阻。这个时代需要能够一边辛勤工作一边又能耐心等待的人。

年轻的律师丹尼尔·韦伯斯特曾经浏览身边的所有法律书籍，只是为了在一桩诉讼案中找到相关判例。他的客户是一个贫困的铁匠，他最终打赢官司，但由于客户非常贫困，他只收了 15 美元，就连买书的钱都不够，更别提所花的时间了。多年以后，当他经过纽约市时，亚隆·伯尔就一件高级法院等待宣判的重要案件请教他的意见。他很快就意识到这个案件与当年那个铁匠的案件颇为相似，于是他十分透彻地做了解答——这个案件对他来说像背乘法表一样简单。

阿尔伯特·比尔斯泰特首次带领一帮拓荒者跨越落基山脉是在1859年。他沿着派克峰的山路行走,放眼望去,草原上星星点点地散落着无数的野牛群,这种景象令他大为惊讶,同时他又想到,随着文明步伐的到来,这些牛群将会消失。这个想法一直在他脑海中萦绕,最终在1890年的画作《最后的野牛》中得以实现。为了让这部伟大作品尽善尽美,他花了20年时间。

任何事业,要想达到一定高度,都必须有坚实、牢固的基础。在罗马,基础通常是一座建筑花钱最多的部分。钢琴家塔尔伯格说,他在公开弹奏任何一首名曲之前,至少都得练习1500遍。

□ 付出的力量

根本没有什么所谓的天才,所有的成就都需要持久的付出。

在埃德蒙·基恩对自己用堪称完美的演技表演《流氓绅士》中的那个角色感到满意之前,他在镜子前不断研究表情长达一年半之久。当他出现在舞台上的时候,大作家拜伦与摩尔结伴去看他表演,表示自己从来没有看过如此恐怖而邪恶的一张脸。随着故事情节的发展,看着这位伟大的演员继续刻画这个可怕的罪恶人物,拜伦竟然吓晕过去了。

"多年来,我在日出之前就来到工作岗位,"一位白手起家的富有银行家说道,"我经常连续工作15个到18个小时。"

达·芬奇花了4年时间绘制蒙娜丽莎的头部,这不仅是世界上最漂亮的画作,而且其中还蕴藏着永恒的成功智慧。

爱迪生在谈及他为了让留声机能够重现一个吐气音会反复尝试时说道:"在最后7个月,我为了一个简单的单词'斯佩齐亚',每天工作18个到20个小时。我对着留声机说'斯佩齐亚,斯佩齐亚,斯佩齐亚',但是它的反应是'佩齐亚,佩齐亚,佩齐亚',光这个就足以让人发疯。但是我坚持不懈,最终我成功了。"

奥勒·布尔说:"如果练习一天,我自己就能看到效果;如果练习两天,我的朋友会看到效果;如果练习三天,公众会看到效果。"

韦伯斯特有一次完全准确无误地复述了他在14年前听过的一则逸闻趣事,在复述时他根本连想都没想,但完全与当时的情景一模一样。

有一次,有人恳愿韦伯斯特就一个非常重要的主题发表演讲,但他拒绝了,声称自己非常忙,没有时间熟悉这个主题。"但是,"他的朋友答道,"你只要讲几句话,就能唤醒公众对它的关注。"韦伯斯特答道:"我的话之所以能产生如此大的影响力,那是因为我从不对没有准备的主题发表演讲。"

有一次有人请德摩斯梯尼即席演讲，但他答道："我没有准备。"如果没有充足的准备，德摩斯梯尼从来不就任何主题发表演讲。

亚历山大·汉密尔顿说："人人都称赞我拥有天赋，而我所有的天赋就是：当我要处理某个问题时，我会将其研究得非常透彻，以至于它日日夜夜都萦绕在我的脑海中。我会全方位去研究这个问题，我满脑子都是它。人们更喜欢把我的成就归功于天赋，而它其实是付出和思考的结果。"

付出法则对天才与庸才具有同样的约束力。伟大的外科医生内拉通说，在用 4 分钟去做一个决定病人性命的手术之前，他会花 100 个小时去考虑怎样才能做到最好。

☐ 学会等待，懂得坚持

我们不仅要学会付出，而且还要学会等待。

"许多人的原则不是浇灌，"朗费罗说，"而是不时地拔苗助长，就像孩子种花草一样，总是喜欢看看它们长了没有。"

"30 多年来，我一直在观察年轻人在纽约这座繁忙都市的职业情况，"盖勒博士说道，"我发现，成功与失败之间的主要差别仅取决于持久力这一个因素。"

永久的成功通常都是靠坚持而实现的，一个人不论有多聪明，半途而废终究无法获得成功。容易气馁的人，如果一有风吹草动就会吓得缩回去，那他始终会落在后面——死掉或被慈善机构的担架抬着往前走。

第五章

你对人类最大的贡献,就是让自己快乐起来

消极情绪，比如，愤怒会使人失去理智，陷入惯常的、消极的思维定式之中，从而使我们追求美好生活的努力化为乌有。

好的驭手都知道，一只飞过的苍蝇可能比工作更能让马感到焦虑，持续不断地用鞭子触碰会比拉车更让马烦躁。正是我们日常生活中所面临的这些小小的刺痛、琐碎的烦恼在抹杀着我们的舒适和幸福。

想一想由消极情绪所拆散的家庭、由消极情绪所毁掉的雄心壮志、由消极情绪所毁灭的希望和前景吧！想一想因为消极而自杀的受害者吧！如果这个世界上还存在什么邪恶的话，不是消极情绪，那还会是什么呢？

当一个人将精神力量都耗费在无用的焦虑之上时，他是根本不可能发挥出自己正常的力量的。

当一个人心中充满困扰的时候，他就不可能高质高效地完成工作。

当大脑受到消极思想的荼毒之后就会失去活力，以致无法进行清晰的、有力的以及富有逻辑性的思考。

……

人们只有轻装上阵，控制情绪，才能够处于最佳状态，发挥出自己最好的水平。

慢慢清理你的消极情绪

> 对消极的情绪有一个明确的了解之后，就可以消除它。
>
> ——霍华德·弗农

我们都曾有过不愉快的事情发生，如果你看不开，当然会轻易地拥有让你不高兴的情绪，比如自卑、悔恨、忧虑和恐惧。

你也许有充分的理由去支持现在的情绪，因为也许你经历过许多人生在世根本不该经历的事，也许你在身体上、言语上、性方面或情感上遭受虐待，也许你正在挣扎着面对慢性病或无法修补的身体损伤，也许在生意上有人占你便宜，让你失去了一切，甚至包括自尊。我并非要把这些痛苦的经历淡化，但如果你想要跨越当下的心理高度，就不能用过去的情绪创伤，作为你今日不作为的借口。你不应再把过往作为你现在情绪消极的借口，或当作不肯积极向上的正当化理由。

到了该医治你的情绪创伤、放开你的借口并停止自怜的时候了，也该是调整受害者心态的时候了。没有人曾向你应许生命是公平的，即便是上帝也未曾如此应许。停止与别人的生活比较，停止活在你本来可以怎么样、你本来应该怎么样、早知道你会怎么做的各种假设之中。不要再问类似下列的问题："为什么会这样？""为何会那样？"或"为何是我？"

相反，你要接受生活所赐予你的东西，并善加利用。你也许曾经历许多不愉快的事，你也许还有因情感受伤而留下的疮疤，但别让你的过去影响和决定你的未来。对于过去发生的事，你无从改变，但你可以选择如何面对眼前的事。别将消极的情绪紧抓不放，而让它玷污了你的未来。

放开那些困扰你的消极情绪吧。因为，只要你心中含着怨恨、悔恨等消极情绪，你就不会有真正的快乐。你会在自怨自艾中哭泣，悲叹命运对你不公平。你必须放开这些负面情绪，停止那些随之而来的怒气，调整你的情绪频道并锁定在快乐的情感上。

□ 调整情绪的频道

我们都知道如何使用遥控器去变换电视频道。如果我们看见不想看的画面，没关系，只要换个频道即可。

而当负面的情绪和痛苦的经历又不经意地从我们的脑海中闪过时，我们需要学会如何在心态上变换频道。这种行为被称为有意识的思想控制。任何人都可以做到，比如，你坐在椅子上，专注地去回忆你去年的暑假生活或者思考今年的暑期安排。你可以随意地想任何东西。

现在，试着想想任何快乐的事情。怎么样？这并不是痴人说梦吧。

你要坚持以下信念，让它像个大大的指示牌一样悬挂在你生活的舞台上方，成为你的指路明灯。

从现在开始，我要一直保持冷静的思维以及积极乐观的情绪。

牢记这一信条，一遍遍地对自己重复，你就不会忘记："我要保持冷静的思维和积极乐观的情绪——就现在。"

生活中不论遇到什么情况，你都要坚持这个信念。

当然，生活中每天总会有这样那样的麻烦让你气馁失落。这时你就要对自己说："哇，伙计，现在我们需要一点点冷静和积极。"

然后，你必须用一种健康的情绪——一种包含着勇气和决心的积极情绪，来替换你不健康的情绪——一种包含恐惧、忧虑、懊悔、失望及挫败感的消极情绪。

刚开始你可能会发现，在你调整情绪以前，你就已经陷入消极情绪中了。但只要你坚持不懈，以后你甚至可以预防自己因压力而情绪低落。

任何时候，当你想起这个信条——"我要保持冷静的思维和积极乐观的情绪——就现在"时，你就要停止那些令人情绪消极的想法，然后，想一些愉快的事情。遇到麻烦时，每个人都有自己独特的方法来调整情绪，而且这些方法往往非常奏效。

有人通过吹口哨来缓解情绪，在口哨声中他能让自己重新充满自信。

有人有一副好嗓子，很喜欢唱歌。她发现只要一唱歌，心情就能马上好起来。

有人通过发掘自己的优点来调整情绪。

还有人总是会制订一些计划去体验新事物，当情绪低落时，他就想想这些，让自己高兴起来。

以上都是用来转换情绪频道的有效方法，能帮你很好地应对那些消极情绪。

□ 自言自语：转换情绪的实用技巧

同样的内容，如果被大声说出来，就会产生一种力量，这种力量是默想所无法激发的。就像眼睛阅读印刷在纸张上的文字一样，与默想相比，自言自语会对大脑留下更为长久的印象。

我有一位朋友，他总能通过自言自语改变自己的情绪。每当他感觉自己犯了一些愚蠢的错误，或觉得心情沮丧时，他就会去一个安静的地方，比如树林里，与自己进行一次心灵的对话：

"现在，年轻人，我们需要好好地谈一次。你在丧失元气，你的热情在衰退，你的期望在下降，你的思想开始变得愚钝，最糟糕的是，你没有改变的动力。如果你不改正的话，这种懒散、惰性与冷漠会严重阻碍你的事业的发展。

"简而言之,你变懒了,你喜欢安逸了。那些有成就的人,他们的热情从来不会衰退,期望永远也不会下降。现在,我准备紧紧跟随你,年轻人,直到你公正对待自己为止。你必须密切留意自己,否则你将会落于人后。你有能力比现在表现得更加出色,你必须重新树立信心。你要激励自己,清理你思想中的蜘蛛网,掸掉你大脑中的灰尘。

"为了某个目标而思考,思考,思考!不要像现在这样闷闷不乐,郁郁寡欢。你已经半死不活了,小子,赶快行动起来吧!"

一旦这个年轻人发现自己的热情在衰退,他就会在清晨对自己说这些话。这是他每天需要处理的第一件事。经过几年的坚持,他取得了令人羡慕的成就。

正确的自言自语可以重振所有人的情绪。没有哪种消极情绪能够不屈服于连续的、听得见的自言自语。

比如,如果你生性胆怯,不相信自己的能力,你可以对自己说:

"你没有怯懦的理由,因为你并不低人一等。"

"要相信自己是有吸引力的。"

"让那些妄自菲薄的想法见鬼去吧!你将会抬头挺胸,像一个君主或征服者那样昂首阔步。"

下一次当你感到灰心沮丧的时候,不妨试试这个方法。这个不断肯定自我能力的习惯对那些怯懦、缺乏自信的人最有帮助。

记住，认为自己是一个失败者的想法会加速你成为一名失败者，因为你的思想就是你的生活模式。如果你从思想上承认自己是个失败者，你就无法做一些有创造性的事情，你就会走背运，从而失去机会。

□ 别对消极情绪恋恋不舍

有个古老的笑话说："如果你曾在三个地方摔断手，就别再去那些地方。"也许这当中所含的道理比我们想象的还多。当过去的伤痛又想召唤你的注意的时候，别回到那里。相反地，你要提醒自己说："不，谢了，我要去想些好的事情，想些有建设性而非打击我的事情，想些鼓励我并让我充满平安、喜乐的事情，而不是去想那些消磨我的意志力与榨干我心力的事情。"

□ 从今天起，做一个积极的人

今天可能会是你生命中的一个转折点，是一个新的开始。别再浪费任何一分钟去猜想，为何有些令人失望的事会发生在你或你所爱的人的身上。你要拒绝再以受害者的心态活着。

你也许会抱怨说："我就是不明白这为何会发生在我身上。我不明白为何我会失败，为何我总是如此倒霉？"

你也许永远也得不到答案，但别让它成为你沉溺在自怜中的借口。丢掉它吧，起身向目标迈进。

《圣经》中有一段发人深省的故事，讲的是有关大卫王的孩子得了重病将要死去。大卫心里焦急得快要发狂。他日夜祈祷，相信上帝要医治他的孩子。他不肯吃喝，不肯沐浴修容，也不参与朝政。他除了祷告，什么都不做，只是一直向上帝呼救。

虽然大卫昼夜祷告，但在第7天孩子还是死了。大卫的仆人们不知如何告诉大卫这个坏消息，因为他们认为大卫会崩溃，根本无法承受。但当大卫最后知道发生了什么事，他的行为让大家吃了一惊。他从地上站起来，洗脸更衣，吩咐仆人摆饭，他便坐下用膳。

大卫的臣仆目瞪口呆，说："大卫，当你的孩子还活着时，你禁食祷告。现在他过世了，你倒像没事一般。"

大卫回答说："是的，孩子生病的时候，我禁食祷告，想着上帝也许会医治他，但现在孩子死了，我岂能使他返回吗？我必往他那里去，他却不能回我这里来。"注意大卫的态度，他没有变得狠毒，他没有质疑上帝。他可以咆哮："上帝，我以为你爱我，可你为何不垂听我的祷告？"大卫没有那么做，他勇敢地从极度悲伤和失望中走了出来。他梳洗干净，继续他的辉煌人生。

朋友，你我必须向上文中的大卫学习。也许有人错待你，有人欺侮你。然而，事情已成定局，既然你无法改变过去，就让过去随风而去吧。但你必须做个决定：你是在自怨自艾中裹足不前，还是抛下包袱，轻装前行呢？

你必须从消极的情感旋涡中走出来，因为没有人可以代替你做这件事。你必须走出阴影，你必须原谅那些伤害你的人，你必须放开那些伤痛，让过去的成为过去。当你经历了你所不了解的境况时，不要变得消极。学习大卫的做法：洗净你的脸，保持良好的心态，起身向前走。

善于控制情绪是一个人成熟的表现

> 如果世界上有地狱的话，那它就存在于人们的内心中。
>
> ——罗·伯顿

教人们学会控制情绪，也就是教人们变得成熟。善于控制情绪是一个人成熟的表现。

按字面意思来说，成熟就是以一种稳定、平和的心态面对生活，而不是像个幼稚的小孩子。控制情绪也是同样的道理。孩子遇到危险时会情绪紧张，但是在同样的情况下，成熟的人却会沉稳地应对。

那么，我们应该怎么做才能使自己变得成熟呢？

□ 责任心和独立自主是成熟的首要品质

成长的必要一步是：开始独立地承担起自己应尽的责任。很多人总是习惯性地依赖他人，尤其是那些从小受家人过度保护的年轻人。这些依赖性很强的人迟早会在生活中遇到困难。

这里有一个著名的例子，讲的是一个非常依赖于母亲的男孩。当他慢慢长大，开始遭到周围人的嘲笑时，他才逐渐意识到依赖母亲是一种懦弱的表现。为了向自己以及周围人证明他的能力，他表现得比同龄人更为强悍，简直与强盗没什么两样。从那之后，他到处惹是生非。

☐ 成熟意味着付出而不是索取

孩子最大的愿望就是收到梦寐以求的礼物。不成熟的人总是抱着这种心态，"这样做，我会得到什么？"这是一个起点，他们从此变得小气，脾气乖戾。随着他们逐渐长大，直到再不能像小孩子一样收到礼物时，他们满脑子想的仍是能够得到什么。他们钻进了牛角尖中再也出不来，只能是欲望更加强烈，最终导致极度的挫败感。

成熟的人总会想着如何让别人的生活更加美好。有了这种想法之后，他们心胸会更宽阔，更富有同情心。成熟的人不会把自己封闭起来，更不会把别人拖入痛苦之中。他们沐浴着阳光，享受着宽广的世界，愉悦地看待身边的一切，觉得他人值得去了解和付出。

事实上，只会索取的吝啬鬼从来无法体会到付出所能带来的快乐，他们一直无法摆脱压力，且身陷无尽欲望之中，痛苦不堪。

☐ 成熟就是不以自我为中心，不争强好胜

孩子总会这样说"我有这个，你却没有"，或者"我比你厉

害",又或者"你爸爸打不过我爸爸"。有些人一生都这样孩子气,以自我为中心,争强好胜。他们无法与他人相处,因为他们常常拿自己与身边的每个人比较,从来不会友好地和他人合作。作为同行,他们招人讨厌。在一个集体中,他们让人愤怒。与人相处时又爱争论。

☐ 成熟意味着不与人为敌

有些人喜欢与人为敌,把愤怒、仇恨、残忍和好斗当作一种力量。其实不然。这些都是孩子气的心理,是不成熟的表现,是软弱的标志,是畏惧和挫败感的证明。

☐ 成熟就是能分清现实与虚幻

孩子常常会把想象当作现实,也不会试着去区分两者。即使去区分,也不会给他们带来任何好处。然而,即使到了应该负责任的年龄,他们却仍然分不清现实和虚幻的差别,以至于有一大堆的烦恼和麻烦,最终导致他们情绪糟糕,活得很累。

☐ 灵活变通是成熟的重要品质

如果一个人在面临困境时不懂得灵活变通,不会调整自己以适应不断变化的生存环境,那么在这个与时俱进、变化无常的世界里,他就不可能生活得很快乐。

灵活变通可能是成熟的人最需具备的品质。当生活环境像以往一样艰难,或者当我们所拥有的一切突然不复存在时,要避免坏情绪的产生，我们就必须学会灵活变通。只有具备这种品质，一个人才不会在他的基本需要得不到满足时心烦意乱。否则，他就会烦恼不断。

让自己快乐也是一种能力

> 真正的快乐是内在的，它只有在人类的心灵里才能发现。
>
> ——布雷默

□ 快乐不是外在事物的满足

通常来说，一个人的快乐总是来源于他曾经拥有过的、最为美妙的经历。

扪心自问：你是否一直都认为自己可以从外在事物或者环境中寻找到快乐？就像很多人认为自己所追逐的最大快乐源自于金钱。诚然，金钱可以为他们换来权力、影响、安慰、奢侈等，并且通过这些形式，金钱可以带给他们一定的满足感。还有一些人认为自己能够从婚姻中获得极大的快乐。但是，这些都不是快乐的核心。实际上，最大的快乐一定是源于自己的能力所带来的快乐。换句话说，持久的快乐一定来源于自身，而绝非外部的任何事物。

我认识一个人，尽管他很贫穷，但是与我见过的其他人相比，他更善于从艰难困苦中获得安慰。我见到他的时候，他身无分文，也没有妻子在身边支持自己，然而他总是很开朗、很快乐、很满足。即便是身处窘迫境地，他也能够以此为乐，他总能从自己的生活中发掘出一些快乐的事情。

快乐不是可以用金钱来衡量的。在这个世界上，很多富人整日烦躁不安，心怀不满，很不开心。他们妄想用金钱去购买能够为自己带来持久快乐的东西，但是，持久的快乐却总是对他们退避三舍。相反，那些并不富有甚至有些极为贫穷的人，他们的生活却是快乐的。事实上，根本就不存在可以用金钱购买到持久快乐的方法或者地方，因为，快乐完全超越了金钱所能达到的领域。

绝大多数继承大笔财富的人都会为财富所害，因为，金钱往往会令他们过上安逸的生活，从而导致他们丧失了斗志和自力更生的动机，以致停止了奋斗的脚步。当人们有了钱，他们通常都会停止前进，因为，他们开始依靠金钱的力量，而不是依赖自身的内在资源了。

持久的快乐与物质无关，它是一种精神状态。持续长久的快乐是不会停留在暂时的事物中的，因为它深深植根于永恒的信念之中。

在外在世界中寻找快乐，这大概是人类所做过的事情中最为愚蠢的事情了，因为，还从来没有哪一个追求者通过这样的方式找到过快乐。

很多人耗费大量的时间和精力去追逐金钱、名利或者其他的欲望，也许最终获得了满足，可也许他会发现在得到这些的同时也失去了很多更珍贵的东西，那么这时候失去的恰恰就是快乐。

很多人总是在不断地推迟着自己的快乐，直到最后，他们才会失望地发现，他们的快乐已经流失太多太多了，而且，纵然他们还拥有获得快乐的途径，他们也会发现，此时获得的快乐远远不及他们在更年轻一些的时候所获得的快乐那样真实。

无论你多么喜欢冒险，请你绝对不要用自己的快乐去冒险，也不要用能够为你带来快乐的生活去冒险。

所以，我们一定要早些形成快乐的习惯——每一天都快乐的习惯。无论你是多么不开心或者多么不愉快，你都要学会从你的境况中发现细微的快乐。

□ 快乐本不复杂，简单就好

我们所有人都戴着不同的有色眼镜。因此，没有哪两个人会看到相同色彩的生活。一些人在粗俗的消遣中获得自己认为的眼前的快乐，另一些人则会认为，在安静的角落里看书是自己目前的快乐。有些人在他们的朋友中、在社会交往中发现自己最大的快乐，另外一些人则在四处漂泊中追求快乐，他们总是以为最大的乐趣会出现在将来的某一天或某一个地方。

大多数人看不见快乐的简单之美。他们在巨大的、复杂的事物中寻求着快乐。然而，持久的快乐其实是非常简单的。事实上，快乐与复杂是完全不相容的两件事情。

简单就是快乐的本质。

最近,我和一位事业成功的年轻人一起用餐,他一直努力令自己快乐起来,但是,他把每一件事情都想得非常复杂、费力,以至于他的快乐总是从他的身边溜走。他的一切都是那样轰轰烈烈,他的精力如此旺盛,思想如此复杂,以至于快乐无法在他的身上找到一个长久的栖身之所。他自己也不知道这一切究竟是为什么。他很富有,身体也很健康,但是他总是躁动不安地、心不在焉地注视着更为遥远的前方。

事实上,我从来不认为他曾经真正地开心过。他的整个生活方式都极其复杂。他似乎不知道应该到哪里去寻找快乐。他显然已经弄错了快乐的本质。他认为,快乐就是展现出巨大的表现力,拥有巨大的财富,做出引人注目的事情。但是,在这样的环境中,快乐会被扼杀,会被"窒息"。

持久快乐的本质其实就是一些简单并且触手可及的东西。在很多地板上没有铺着地毯、墙壁上没有挂着壁画的家庭中,我们都发现了快乐的踪影。快乐既不懂得等级、地位,也不懂得颜色,而且,它也不认得财富。快乐唯一的要求就是,希望与有着一颗纯洁的心灵长相厮守。

□ 快乐,没有人能够不劳而获

懒惰绝不会带给人快乐。懒惰好似一潭死水。一旦水开始停止流动,停止行使自身正常的功能,那么各种各样的害虫和有毒的生物就会开始在其中繁衍生长。这样的水会变得肮脏,散发出有毒的气体和令人作呕的气味。

一个懒散的大脑，很快就会滋生出各种有害的杂质。

很多人都憧憬能过上每天只有看书、旅行的悠闲生活，因为他们相信，通过这类"休闲"，自己就能够从充满焦虑、压力以及担忧的职场竞争中解脱出来，从而寻找到属于自己的快乐。但是，当他们一旦认为自己达到这种自由状态的时候，很多其他的欲望又会扑面而来，纠缠在其脑海中，挥之不去，从而令他们感受不到自己预期的快乐。

所以，付出是让一个人获得身体健康和心灵净化的唯一方式。

没有付出，就不会收到回报。一个人不能够一味地只求索取，不知付出，因为自私往往会滋生出小气和卑鄙。只有那些乐于慷慨付出的人，才能够收获快乐的累累硕果。没有人会因为付出而变得萎靡、贫穷、一无所获。

一个人只有不断地运用自己的头脑和智慧，才能够得到持久的快乐。因此，如果我们还能够付出的话，那么我们就不可能从懒惰中寻求到持久的快乐。对于那些由于付出而导致残疾或者生病的人，大自然会赋予他们一种非常神奇的能力作为补偿，然而，大自然从来不会补偿那些有能力付出却不去付出的人。

"用进废退"是大自然一贯的座右铭，当我们停止使用某种官能或者功能的时候，那么，这种能力就会渐渐离我们而去，逐渐枯萎。大量证据表明，人类的奇妙体制就是为工作和付出而准备的，而懒惰和停滞则会让这种非凡的能力枯竭。

当一个人陷入惰性之中的时候，他整个人就不可避免地会走向颓废，最后沦为一个废人。我们只能保留自己经常使用的官能和能力，除了经常使用，别无他法。大自然将堕落和丧失力量的界限划分到懒惰上，一旦一个人开始变得懒惰，那么，大自然就会逐渐夺去他的能力。

在这个世界上，放弃自身能力的人随处可见，他们日益变得缺乏主见，缺乏精力，缺乏勇气。没有付出，他们就不可能拥有身心的健康，而失去了健康，他们根本就不可能获得真正的快乐。

附：认识四种最危险的消极情绪

□ "我不行"

在我们的身边，经常有这样的声音："我不能""我不行"，它们甚至成了一些人的口头禅。难道他们就真的是一无是处吗？怎么可能！

经常把"我不行""我不能"挂在嘴边，这是一种十分愚蠢的做法。心理暗示的作用是巨大的，认为自己"不行"就相当于给了自己一个消极的心理暗示，你的意识就会接受这个指令，只要你的意识下命令，你的潜意识就不会和你争辩——它会完全接受这个命令，它像个无知的小孩，听不懂"玩笑"话。从而"我不行"就会逐渐地渗入到你的潜意识中，时间长了，你真的是朝着那个方向发展。

如果一个人长期被这样的情绪所笼罩，就会很容易出现情绪低落、郁郁寡欢的现象，这样的人常会因为害怕别人看不起自己而不愿意与人来往，只想与人疏远。他们缺少朋友，顾影自怜，甚至会产生一些内疚、自责的心理。

如果一个人总是沉溺在"我总是不能做到最好"这样的阴影中，那就无异于给自己套上了无形的枷锁。自卑，就像是在心底扎下的木桩，让自己的心灵沉重不堪，也阻碍了自己与外界的自由联通。如果能够认清自己并且相信自己的话，拔掉心底的木桩，懂得变换一个角度来看待周围的世界和自己的困境，那么很多的事情就可以迎刃而解了。

☐ 对过往的失败念念不忘

最为糟糕的一种消极情绪就是对失败念念不忘。这种情绪会令人丧失斗志，失去奋斗目标。

有些人拥有一种非常不好的习惯，那就是，他们始终对于自己过去的生活念念不忘。为自己曾经犯下的错误自我谴责会使你只能看到过去，而看不到未来。对失败无法忘怀会扭曲自己所看到的一切事物，让你只能看到事物的阴暗面。

失败的画面在头脑中保留的时间越长，它就会越彻底地变得根深蒂固，而且去除的难度也就越大。

☐ 忧虑

在撒哈拉沙漠有一种土灰色的沙鼠。每当旱季到来之前，这种沙鼠都要囤积大量的草根，以备艰难日子之需。当草根囤积到足以让它们享用不尽时,它们还在拼命地寻找草根,运回巢窟,似乎唯有这样它们才会心安理得,否则便焦灼不安。

曾经有不少医学界的人士想用沙鼠来代替小白鼠做实验。笼子里沙鼠的家计可谓"丰衣足食"了,但它们还是很快就死亡。医生发现,这些沙鼠是因为没有囤积到足够的草根的缘故。确切地说,它们是因为极度的焦虑而死,这是来自一种自我心理的威胁。

这就很像我们现代人了。在现实生活里,常让人们心神不定的往往并不是眼前的事情,而是那些所谓的"明日"和"后天",那些或许永远也不会到来的事情。

看看那些年仅30岁却满脸皱纹、肌肉萎缩的女人们吧,她们的早衰并不是因为辛苦的工作,或者她们所遭遇到的一些真正的麻烦所致,而是因为对未来的忧虑,这种忧虑对任何人都不会产生丝毫的帮助,相反,它只会为他们的家庭带来纷争和不幸。

一位极权专政统治下的地下抗暴人士,他领导人民在暗中争自由争人权。这个政府的警察,一直在追踪抓捕他。当他在自由地区接受记者访问的时候,记者问他,如果有一天被统治者抓住以后,他打算怎么办?这位抗暴英雄笑笑说,他根本没有考虑过那件事情,他尽力地去做好当下的事情。如果真的被捕,最坏的结果就是死。这也没什么?因为人都会死的,只不过迟早而已。

这位抗暴英雄的所作所为，固然是由于他有着崇高的理想，但他生活的态度，也令人敬佩。想想看，一个人从事冒险危难的工作，如果考虑到随时有被捕的危险，或者被捕以后，会受些什么苦刑，甚至死了怎么办，那么，这样的人怎么能完成任务呢？所以一个人为未来的事忧虑太多，只会增加精神负担，对于事情的成功，却一点帮助也没有。

当事情还没有发生的时候，我们不必徒劳地担忧，有时候我们所担忧的，根本不会发生，那么我们所担忧的，岂不是白费？就算是我们担忧的事情当真发生了，可能同时也有别的事情而改变了情况，使事情不如我们想象中的那么严重。

有一个忧虑的女人，她列出了一些可能会发生的不幸事件，而且她相信这些事情迟早都会发生，并且会为她的生活带来灾难。后来她把这张清单弄丢了。然而，令她惊讶的是，过了很长一段时间之后，她又找到了那张清单，并且发现，在这张单子上面所列出的所有灾难，一件也没有发生。

这对于忧虑者来说难道不是一个很好的建议吗？把你所认为的可能会给你带来不幸的事情统统记录下来，然后将这张单子放到一边不予理会。那么，最后，你将会惊奇地看到，悲剧发生的概率是多么小啊！

□ 恐惧

人们在潜意识里对失败十分恐惧，这种恐惧持续地发挥着作用，为了逃避痛苦，人们宁可放弃"先苦后甜"和"失败乃成功之母"的信条。于是我们面临这样一种局面，虽然明知道积极的行动是最好的选择，但人们还是选择了无所事事和懒散，因为人们害怕将要面对的痛苦，而不做任何努力。

为了不唤起对早先失败的回忆，考虑到如果再次尝试可能会有受伤害的危险，我们的潜意识里还是选择了什么也不做，或者去选择做那些比之前的尝试更容易的事情，或者再次尝试从摔倒的地方爬起来，却又随即找了个借口退缩回来，留下了尚未完成的工作和没有获得的成功。潜意识中对失败的恐惧占据了上风，于是最后，我们没有让自己脆弱的神经再遭受一次打击。

当然，这是错误的做法，过去积累的不计其数的失败诚然会带给我们一些痛苦，但这些痛苦与我们为此而放弃的当前乃至未来的诸多机遇相比，是那么的微不足道，而机会一旦错过就不会再来。我们这是为了避免小痛而选择了大痛，而唯一换来的是我们早期的失落情绪暂时得到麻痹，或处于半休眠状态。

一个心中充满恐惧的人算不上是一个真正的人。他只不过是一个木偶、一个小矮人、一个人类的牵强替代物。别再惧怕那些也许都不会发生的事情吧，就像你想放弃任何使你感到痛苦的练习一样。让你的心中充满勇气、希望和信心吧。

不要等到恐惧的思想在你的头脑和想象中变得根深蒂固，不要与它们同流合污，立即使用解毒剂——与恐惧相反的心理暗示。还没有哪一种恐惧能够如此巨大或者深深地植入于思想之中，以至于无法通过与其相反的心理暗示将之抵消或者完全根除。

查尔摩斯博士曾经乘坐一辆公共马车，他坐在司机旁边，注意到约翰司机一直在用他的鞭子狠狠地抽打着位置较远的一匹马。当查尔摩斯博士问他为何要这样做时，约翰回答说："再远一些的地方有一块白色的石头，我鞭打的那匹马害怕那块石头。所以我用鞭子抽打它，如此，它腿上的疼痛就会令它忘记自己对于那块石头的恐惧。"查尔摩斯回到家中之后，详尽地阐述了这一观点，并且写下《新生感情的驱逐力量》一文。通过向头脑中引入一种全新的想法，那么，你一定能够将恐惧驱逐出去。

当你的头脑中存在着与恐惧相反的思想，存在着勇气、无畏、自信、希望、自立的形象之时，那么，恐惧就无法在你的头脑中停留片刻。

恐惧是一种薄弱的意识。只有当你怀疑自己对于惧怕之事的处理能力时，恐惧才有可能得以横行。

每天入睡前,请给心灵来一次大扫除

> 一个人可以失败很多次,但是只要他没有因此责怪旁人,他还不是一个失败者。
>
> ——巴勒斯

□ 请在入睡之前打扫你的心灵

在入睡之前,怀着一颗感恩和谅解的心,扫清思想中所有危及幸福和成功的敌人。能够形成这样一种习惯,对于我们而言是非常重要的。如果在白天我们曾经以冲动、愚蠢或者某些恶劣的行为刺伤过他人,如果我们对于他人怀有一种恶毒的、丑陋的、报复的以及妒忌的思想,那么,在夜晚入睡之前,这是一个很好的时间,可以让我们去洗净头脑中这些不好的记忆,并且重新开始。

我们应该在就寝之前保持自己的精神和谐,令自己的精神变得安详与平静,而且,如果可能的话,请你尽量保持微笑的表情躺下,无论需要花费多久才能够形成这种习惯,我们都要坚持去做。永远不要皱着眉头,或者带着一种困惑、惊慌、烦躁的表情入睡。抚平你眼角的皱纹,赶走破坏你思想安宁的所有敌人吧!永远不要允许自己带着对于任何人的批判的、残酷的以及嫉妒的心情入睡。

如果你希望自己一觉醒来以后感到神清气爽，那么，你只需简单地带着一种快乐、宽恕、愉悦的心情就寝就可以了。如果你带着一种嫉妒的情绪，或者忧虑而消沉的情绪入睡的话，那么，当你醒来的时候，你就会感觉疲倦，筋疲力尽，你的大脑也没有恢复活力，你的精神也没有恢复开朗和乐观。因为你的血液已经被忧虑、不平衡的情绪所毒害，从而无法令大脑焕发活力。

如果你对某人存有偏见，那么就请忘记他，在头脑中擦掉他，完全抹去他。而且，与此同时，取而代之以一种慈悲的思想、一种友善而慷慨的思想进入梦乡。

如果你习惯在每晚入睡之前扫清思想的敌人，并将它们驱逐出去，那么，你的睡眠就不会受到噩梦的侵扰，你将会神清气爽地醒来。

请在就寝之前打扫自己的精神之屋吧。抛弃所有导致你痛苦的事情，抛弃所有不愉快、令人厌恶的事情，以及所有愤怒、憎恨、嫉妒的不良思想，所有自私、无情的思想。绝对不要允许它们将其黑暗、丑恶的图像印刻在你的头脑之中。当你放下所有这些垃圾，擦拭并刷新你的心灵之后，那么，就请你用最甜美、最快乐、最鼓舞人心、最积极向上的画面来填满它吧。

□ 从改变睡前习惯做起

我们应该带着最愉悦、最幸福的思想入睡。我们的内心应该充满着爱与帮助、积极向上的崇高的思想，这些思想让我们的灵魂重获新生，让我们在清晨醒来的时候可以焕然一新，并且能够让我们以极佳的状态迎接新一天的工作。

如果你难以驱逐那些令人不愉快或者令人痛苦的想法，那么就强迫自己去阅读一些好的、鼓舞人心的书籍——一些能够抚平你的忧伤，并带给你快乐心情的书籍；一些能够令你看到生活中真正的高贵和美丽的书籍；一些能够令你对微小的刻薄之事和狭隘，以及无慈悲之心的思想感觉羞愧的书籍。

经过一段短暂的实践之后，你将会吃惊地看到，自己竟然可以如此迅速而彻底地改变自己的整个思想，从而令你能够以正确的方式面对人生。

当你在清晨醒来的时候，你还会吃惊地发现，自己竟然会变得如此平静、坦然，并充满着活力。你的脸上将洋溢着一种一整天都不会消失的微笑。然而，当你带着一种恶劣的脾气、忧虑或者嫉妒的情绪，抑或充满狭隘、无情的思想入睡时，那么，上面述及的一切都会与你无缘。

除非你将自己的思想调整到平和的状态再入睡，否则你的神经系统就会遭受到一种持续不断的压力的迫害。带着烦恼的思绪入睡，那么，你的大脑会一直处于工作状态，如此，当你醒来的时候，你就会感觉疲惫不堪。

无论你有多么劳累或者多么繁忙，你一定要遵守这样一个准则，在你睡觉之前，永远不要忘记从你的思想中擦去每一个令人遗憾的想法、每一个令人不悦的经历、每一个不友善的想法，还有每一粒羡慕、嫉妒和自私的灰尘。有些人从来不会带着嫉妒、仇恨、羡慕、报复的想法，或者对于任何人的敌意入睡，将这样的人与那些习惯在夜间追忆自己的不快经历、对自己的烦恼和忧虑念念不忘的人相比，前者会从睡眠中获得更多的力量，能够更长久地保持青春，并且工作起来会更有效率。

在就寝的时候，将思想置于和谐和善意的状态之中，请将这一点作为你的生活准则吧。然后，你就会惊奇地看到，自己会变得更加清新，更加年轻，更加强壮，也会更加平和。

附：如何通过睡眠开发你的潜能

在准备入睡之前，我们可以通过加深印象、反复声明以及尽可能生动地再现等手段，在头脑中反复地强化如下想法：我们要成为怎样的人，要成就怎样的事业……这样做能提高我们行动的目的性，帮助我们实现获取成功、寻求幸福的梦想。

请你养成这样的习惯：在你就寝之前，打个电话给你的心灵，为它留下积极向上和自我改进的信息。这些电话会将你的目标保存到你的潜意识中去。在一段时间之后，所有你内在的力量都会联合起来，帮助你实现自己的梦想！

第六章

哪怕年轻,我们也要很职业

工作是人们施展自己才能的舞台。我们寒窗苦读来的知识、我们的应变力、我们的决断力、我们的适应力以及我们的协调能力都将在这样一个舞台上得到展示。除了工作,没有哪项活动能够提供如此完美的充实自我、表达自我的机会,以及如此强的个人使命感和一种活着的理由。所以,美国石油大王约翰·洛克菲勒说:"工作的质量往往决定生命的质量。"

一位心理学家为了真实地了解人们对于同一项工作在态度上所反映出来的个体差异,他来到一所正在建设中的大教堂,现场访问了三位正在忙碌的工人。

心理学家问第一位工人:"请问,你在做什么?"

第一位工人很不耐烦地答道:"我在做什么?你没看到吗?我正在用这个重得要命的铁锤,来敲碎这些该死的石头。这些石头特别硬,弄得我的手又酸又麻,这真不是人干的工作。"

心理学家又问第二位工人:"请问,你在做什么?"

第二位工人无奈地答道:"为了每天50美元的工资。如果不是为了一家人的温饱,谁愿意干这份敲石头的粗活?"

心理学家接着问第三位工人:"请问,你在做什么?"

第三位工人眼光中闪烁着喜悦的光芒,他答道:"我正在建造一座雄伟壮丽的大教堂。教堂落成之后,可以容纳许多人来这里做礼拜。虽然敲石头的活并不轻松，但当我一想到将来会有无数的人来到这里，在这里接受上帝的洗礼时，心中就会激动不已，也就不感到累了。"

一个人对待工作的态度也是他人生价值观的集中体现。所以，了解了一个人的工作态度，在某种程度上就是了解了那个人。

或许在过去的岁月里，有的人时常怀有类似第一个或第二个工人的消极态度，每天抱怨，四处发牢骚，对自己的工作没有丝毫激情。

不过，不论你过去对工作的态度如何，都不重要，毕竟那已经过去了，重要的是，从现在开始，你未来的态度将如何？

让我们像第三个工人那样，为拥有一个工作机会而心怀感激，为生命的尊严和人生的幸福而努力工作吧。

薪水算什么，要为自己工作

> 为什么工作是人们获得满足的如此重要的源泉呢？最主要的答案就在于，工作和通过工作所取得的成就，能激起人们的一种自豪感。
>
> ——莱奥纳多·塞尔斯

工作质量决定生活质量。在工作中，无论报酬多么微薄，你都应该全力以赴，以最高的标准严格要求自己，而不是随波逐流。"如果员工在工作中除了薪水以外别无他获，那么他就被骗了。他骗了自己。"

只为薪水工作，没有其他更高的追求，这样的工作状态不仅是对老板的不负责任，更是对自己的不负责任，因为他不能从这份工作中获得一些对他以后的工作有用的东西。

□ **薪水不是工作的本质**

如果允许我对刚刚踏上职业生涯的年轻人提一点忠告的话，

我会说："刚开始，不要对薪水关注太多，而应该多考虑如何提高工作技巧、拓展工作经验，以及如何充实自己。"

任何工作都是训练个人能力的绝佳课堂，做好工作可以拓展你的思维，增强你的心智，它不仅仅只是磨出薪水的磨坊。

据说德国"铁血首相"俾斯麦担任驻俄公使秘书期间薪资也很微薄，但这份工作却让他有机会掌握外交的秘诀，让他能在未来更好地服务于他的国家。如果俾斯麦只为薪水工作，他可能还是一名小职员，而德国也仍然是一盘散沙。

我从来没有看到过一个只是冲着薪水而工作的员工最终获得了成功，这样的人连庸才都不如。

诚然，薪水是生活的必需，但一份工作真正的回报还在薪水之外。工资袋以外的报酬包括：有机会学习老板成功的秘诀，从他的错误当中汲取教训……最重要的是，你能从工作中获得成长和开拓思维的机会，从而有机会让自己变成一个更强大、更有用的人才——在获得这些的时候，你不仅不用交学费，还能领取一份薪水。

那些总是在计较报酬的人，几乎没有意识到他其实是在自欺欺人，因为他没有看到自己在学习技术、丰富经验以及自我发展等方面获得的更大报酬。

一个人的薪水与这些更大的报酬相比，就像雕塑家雕琢下的碎片之于美丽的大理石雕像。老板支付给你薪水，而你以宝贵的经验、良好的训练、不断增加的效率、严谨的纪律、自我表达与性格的培养来回报你自己。

不仅如此，你对工作的忠诚和责任感还能让你从人群中脱颖而出。不要担心老板看不到你的优点，不要担心他们不给你应有的提升。如果他在寻找有用的员工——哪个老板不是这样？就算他只是考虑他自己的利益，他最终也会提升你。商业大亨布尔克·柯克兰说道："在工作中总是全力以赴的人一定会成功。你只有全力以赴才能将工作做得极其出色，而出色的工作则表明你能够胜任更高职位——如果提升你能让老板看到好处，你就一定能够获得提升的机会。"

像安德鲁·卡耐基、约翰·沃纳梅克、罗伯特·C.奥格登这样的商业大亨，如果他们在开始工作的时候为了薪水斤斤计较，那么他们会取得辉煌成就吗？如果他们是这样的话，他们就不会创造出一代传奇。相反，他们每一个人想到的都不是薪水，而是机会——一个展现自己品质、学习业务秘诀的机会。即便拿着无法维持生活的周薪也让他们感到满足，因为他们能够学习经验，而这些经验才成就了他们的人生。

那些最终能出人头地的人绝不是那些对薪水吹毛求疵的人。

我们经常会看到一些之前还拿着微薄薪水的人好像被施了魔法一样，突然就一跃至某个高级职位。这是为什么呢？原因很简单，尽管老板支付给他们的周薪并不高，但他们却一直在以出色的质量、持续的热情坚持工作。

罗伯特·C.克劳里是西联电报公司的总裁，在他刚开始工作的时候，他在老板没有付给他任何薪水的前提下做了几个月的信使，他认为干这份工作的经验远比薪水有价值得多——许多成功人士都曾做过同样的事情。

纽约一位百万富翁曾经对我说，在他刚到纽约的时候，他找到的第一份工作是清扫店铺的，每周可拿到 3.5 美元。这份工作，他兢兢业业地做了一年。

一年之后，他又找到一份工作，周薪为 7.5 美元，他在那里全心全意做了 5 年。距离这份工作期满还有很长一段时间的时候，他收到了纽约另外一家大公司的工作邀请，年薪 3000 美元。但他拒绝了对方的经理，他说，他的合同尚未到期，他不能违背自己的承诺。

当他的合同快要到期的时候，他被叫到老板的办公室。现任老板给他提供了一份年薪 3000 美元的新合同。这位年轻人告诉他的老板，另外一家公司的经理之前也提供过同样的薪水，但由于他不能毁约而没有接受那份邀请。

后面的事情听起来似乎令人难以置信，现任老板稍后通知他，他准备和他签订一份 10 年合约，年薪为 1 万美元，于是双方达成协议。等到合同期满，他作为合伙人进入这家公司，成为一个百万富翁。

这个男孩的同事不止一次地这样对他说过："乔治，你多傻啊，成天加班加点做这些别人不做的事情！你为什么要在这里熬夜包装这些商品，这些本来就不应该是你做的？"如果他听了这些同事的话开始应付工作，那他怎么会从这些人当中脱颖而出呢？不可能。

这个男孩视每一个机会都是重大机会，因为他不知道命运在什么时候才能将其带到更远大的地方。从他清扫商店的那一刻起，他就感觉到自己成为大商人的潜力，并下定决心要实现这个目标。他认为机会就是薪水，有机会去了解商业巨子的经营方式，有机会观察他们的经营之道，有机会了解他们的方法流程，有机会让他们成功的秘诀变为己用——这些都是他的"薪水"，与之相比，3.5美元的周薪简直不足挂齿！

他一边在工作中训练自己，一边寻找机会，任何重要的事情都逃不过他的关注。在没有工作的时候，他就观察其他人，学习他们的经营之道，向店里能够接触到的人咨询各种问题，他迫切地想要知道所有一切的来龙去脉。

他告诉我，他12年都没有离开过纽约。他更喜欢在商店里学习，尽可能地学习各种知识，因为他一定要在将来的某一天成为一名合伙人或拥有自己的店铺。

无论你在从事什么工作，都请把它当作你自己的事业，你是在为你自己工作。也许你现在正拿着可观的薪水，但请记住，薪水绝不应该是你关注的重点。你已经进入一家大公司的中心，你正在近距离接触那些有所作为的人，这是一个全方位获取知识和宝贵经验的机会，而这些知识和经验对你的将来而言极其珍贵——你在工作中学到的知识与技巧将成为未来资本的一部分，等你自己创业的时候，这些远比货币资本更为宝贵。

所以，请下定决心好好工作吧——下定决心充分发挥自己所有的聪明才智更好地完成工作；下定决心让自己不断进步，与时俱进；下定决心抱着满腔的热情投入工作……让自己成为一块海绵，尽可能地吸收一点一滴的知识与信息吧！

这种追求卓越的决心会让你成长，帮助你成为一名思维开阔、办事有效的人。如果你本着这种精神投入工作，就会养成做事高效、观察力敏锐、经验丰富、做事周全有条理、无论做什么都竭尽全力等习惯，这些习惯最终能让你获得巨大成功。

如果你为工作尽了自己最大的努力，那么你在技能和修养方面就会获得最大的报酬。

□ 努力工作是最值钱的声誉

不要对自己说："我又没有加班薪水，我的薪水不高。老板不在，我正好可以偷懒。只要可以，我就要少工作一点。"因为这会意味着自尊的失去。如此一来，你对自己的能力将不再有信心。你会因自己的行为而感到愧疚——再多的借口也瞒不过你内心那台监视器，它会对出色表现显示"正确"，对滥竽充数的工作显示"错误"。在你的内心，总有一些东西是你无法贿赂的，那种神圣的正义感永远无法被蒙骗——没有任何东西可以弥补失去的自信。当别人对你失去信心时，你可能还会成功；但自己如果失去自信，你将永远也不会成功。如果你不尊重自己，如果你不相信自己，那么你的事业就到了穷途末路的时候。

再重申一次，员工的声誉就是他的资本。在缺乏货币资本的情况下，声誉意味着一切。这种声誉不仅伴随他从一个工作到另外一个工作，当他自己创业的时候，这种声誉也将跟随着他。

如果一个年轻人开始工作的时候就将自己的工作视为一种神圣的职责、一次重大的机会，那他就会做到工作勤勉认真，为人正直诚实；相反，如果一个年轻人在开始工作的时候就只为薪水工作，尽可能地少做事，那他成天想的就是从老板那里赚取更多——以较少的努力得到更多的薪水。如果将这两个年轻人比较一下，会是怎样的结果？

第一个年轻人会赢得极好的信誉，所有认识他的人都会对他有好感，并支持他。而对于另外一个年轻人，大家都会心生戒备，他们都不信任他。他连老板都欺骗，为什么不会欺骗其他人呢？

没有什么东西可与良好可靠的声誉以及清白干净的过去相提并论，这些声誉会跟随着我们走完人生的每一步。当我们想要借钱的时候，它就在银行等着我们；当我们想要放贷的时候，它就在掮客那里等着我们。

我认识一个年轻人，他来到纽约，在一家出版社找到一份工作，周薪15美元。他总是加班，或者将工作带回家，利用晚上或节假日来完成工作。其他员工和朋友都嘲笑他愚蠢，但他总是告诉他们，他追求的是机会，不是薪水。

他对工作的敬业精神引起了另外一家出版社的注意，他们愿意提供周薪60美元给他，并很快将周薪涨到75美元。他到了新的工作岗位后还是同样地辛勤工作，从不考虑薪水问题，还是将机会视为一切。

有些员工甚至会认为，分外的工作不会让他们得到什么功劳。但这个故事中的年轻人，就因为追求薪水以外的东西而备受他人关注，甚至引起其他公司的关注。结果就是，在不到两年时间内，他就获得60美元的周薪，后来他还以高得令人咂舌的年薪进入一家大出版社。

许多人可能不认为上班时偷懒、逃避每一次责任、迟到早退、出差时到处闲逛、开小差等恶习有多么糟糕，但是当他们试图换一个工作时，他们会发现自己已经"誉"满天下，没有人愿意雇用他们了。

□ 不要去抱怨你的老板

老板可能在薪水方面不够慷慨，但他无法遮住你的双眼，蒙住你的双耳，他无法阻挡你的洞察力，无法阻止你吸收他的经营秘诀——这些秘诀可是他辛苦工作，甚至用失败的巨大代价换来的。相反，如果你在工作中偷奸耍滑、玩忽职守，那么你在对老板利益造成损害的同时，对自己的损害会更大。你这样做就是在折损自己的人生资本，而这些资本远比货币资本更有价值——它们就是让你成长起来的机会。

如果你的发展受到阻碍，薪水确实过低，这些你都不要介意，因为没有人能够劫走你最大的报偿，这些报偿就是技能、效率和竭尽全力的意识。无论你的下一个职位是什么，这些都会成为你的优势。

有些人将自己工作表现不佳的原因归结为是老板不欣赏自己的表现，而且对他们很刻薄。如果别人对他刻薄或者不礼貌，年轻人不妨从自己缺乏教养的表现和行为上找找原因。

年轻的朋友们，你的工作态度和表现与老板的性格及其行事方式无关。尽管你不能够要求老板去做正确的事情，但你自己却可以有正确的行为；尽管你不能够要求老板成为一名绅士，但你自己却可以表现得很有教养。你不能因为老板没有素质，就可以糟蹋自己和自己的将来。无论他多么卑鄙小气，你目前的机会就是他提供的，你是利用这次机会还是糟蹋这次机会，是让这次机会成为你成功之路的垫脚石还是绊脚石，这些全都取决于你自己。

事实上，你目前兢兢业业的工作态度以及追求卓越的工作方式才是打开成功之门的钥匙。玩忽职守和粗制滥造除了带来失败与耻辱之外，别无其他。

没有什么比为自己建立良好的声誉的机会更加宝贵，良好的声誉是未来成功的基础。如果基础都是偷奸耍滑和玩忽职守，上层建筑就会坍塌。不要因为老板小气就进行一些无谓的"报复"，以此毁坏自己声誉的行为实在不值得。不必介意老板是什么样的人，而是要本着主人的态度去完成工作，不论他是不是一个拥有崇高理想的人，你都要做一个这样的人。

记住，你是一个雕塑家，你的每一次行为都是对人生这块大理石的雕琢。下手不能有误，否则就会破坏大理石中藏匿的那个美丽的天使。

许多年轻的雇员只是因为没有得到自己期望的薪水，就有意抛弃工作，目的只是"报复"他们的老板。他们不知道，这样做只会使自己的发展受到限制，他们将变成渺小、狭隘、无能和墨守成规的人；他们的领导能力、主动性、规划能力、独创能力与聪明才智，以及成为领袖所应具备的所有品质都没有得到充分的发展。就在偷奸耍滑"报复"老板的同时，他们自己的发展前景也变得很渺茫。

失败的团体里都是一些因为薪水微薄及得不到赏识而试图报复老板的人。当一个人对工作三心二意的时候，他将得不到他人的尊重，同时他也对自己丧失了信心。不懂得全身心投入工作的人、不懂得在工作中展现自己最优秀品质的人，永远也体会不到成功或幸福的滋味。

不要放低你的标准。将自己从平庸的诅咒中解救出来，往自己的个性里注入一抹高贵的品质——无论你的薪水多么微薄，无论你的老板多么不赏识你，你都要全身心地投入工作，将你所有的能量与热情都注入工作当中。

老板怎么看待你，远不及你自己如何看待自己的一半重要。在生命当中，与你自己相比，其他所有东西都不重要。日夜陪伴你的只有你自己，你不可以让一个恶棍时刻与你如影随形。

专注才有大回报

> 活得越久,我越深信,人与人之间(弱者与强者之间,伟大与平庸之间)的差别在于精神——不可战胜的决心。目标一旦确定,不是死路一条就是夺取胜利。
>
> ——福韦尔·巴克斯顿

□ 努力工作的人为什么也会失败?

在如今这个竞争激烈的年代,一个人如果精力分散,不可能期望成功。"搬过货,送过信,拍打过地毯,为任何主题创作过诗歌。"这是某个人行行都不精通的标志。

成功者与失败者的重大差别不在于两者工作量的多少,而在于智力工作的数量。许多失败者所做的工作足以有机会实现重大成就,但他们只是在没有计划地随意工作,一只手建立起来的成就,结果毁在另一只手上了。尽管他们能力足够,时间充裕——这些都是成功的基础,但他们永远在来回地抛空梭子,而没有在编织真正的生活之网。

如果你让他们中的一个人陈述自己的生活目标,他可能会说:"我几乎还不知道自己最适合做什么,但我完全相信要努力工作,而且我决定这辈子从早到晚挖掘，我知道自己迟早会挖到什么东西——黄金或者白银，至少会挖到白铁。"

我可以断然地说，不会。一个明智的人是不会为了发现银矿或金矿而对整片大陆进行挖掘。

"拥有清晰的目标，"费尔普斯·沃德说过，"对生活会产生多么巨大的影响。当一个人开始为了某个理由而活着的时候，他或她的声音、着装、外表以及手势动作都在发生变化，并会逐渐确定下来。我想象，在一条拥挤的街道上，我如果能够一眼就看到那种能够自食其力、充实而幸福的女性。那是因为她们本身就带有一种自我尊重与自我满足的气质，这种气质，破旧的羊驼呢掩盖不了，高档丝绸也烘托不出，即使生病或疲劳也难以藏匿。"

据说，那些不知道要驶向哪个港口的水手，风从来都不会直接吹向他们。"即使是最柔弱的生物，"卡莱尔说，"只要朝某一个目标铆足了劲，都可以有所成就。而最强大的生物如果分散精力，结果也可能会一事无成。滴水能穿石，而奔腾的急流呼啸而过，却无法在石头上留下永久的痕迹。"

一个人如果专攻一件事情，哪怕只是种萝卜，他的表现也会强于他人，最终会得到自己应得的那份荣誉。如果他全心全意地种植萝卜，萝卜的品种与收成当然也会最好，那么他就是萝卜种植行业的巨人，得到的荣誉自然也最多。

□ 专心是唯一的秘诀

没有全力以赴、坚持不懈地追求一个有价值的目标，结果还是会失败的。一颗小小的子弹，因为能量聚集，使得它可以穿透4个人的身体。将冬日里看似无力的阳光光线聚焦，就可轻易燃起火苗。

在竞争中脱颖而出的巨人一定是专注的人，他们一直朝一个地方猛挥大锤，直到实现目标为止。成功者都拥有一个压抑不住的想法和一个坚定不移的目标。

"在所有学习与工作中，唯一有用、安全、可靠的品质就是专心。"查尔斯·狄更斯说，"你说这是我的发现也好，想象也罢，但我可以极其诚实地向你保证：专心现在对我的用处简直到了前所未有的地步。"

"对待每件事情都要全心投入，"约瑟夫·格尼在给儿子的信中这样写道，"全心学习，全心工作，全心玩耍。"

"我努力去做手边的工作，"查尔斯·金斯利说，"仿佛世界上的一切暂时都不存在了一样。这是所有努力工作的人的秘诀，但大多数人没有将这个秘诀带到工作当中。"

每一位伟人之所以伟大，每一位成功者之所以成功，主要原因是他们将自己的能量全部专注在一个特定的事业上面。贺瑞斯会将注意力固定在某张脸孔上面，一直研究它，直到这张脸孔印刻在记忆当中，然后他可以随意复制。他研究每一个物体时的迫切态度仿佛他再也没机会看到它了，这个近距离观察的习惯让其作品中的细节简直令人称奇。其实，除了具备敏锐的洞察力之外，他并没受过特别良好的教育。

庞大的游行队伍走过百老汇大道，街道上人群熙攘，乐队锣鼓敲得震天响，格里利坐在顺德饭店的台阶上，拿帽顶当书桌，在为《纽约论坛报》撰写社论，这篇社论将被广泛引用。有一次，一位绅士站在报社门口大声嚷嚷，吵着要见格里利。他闯入一间小密室里，格里利正在那里埋头写东西。这个人怒气冲冲地问他是不是格里利先生，"对，先生，你想干什么？"格里利马上问道，但连头也没抬一下。这个愠怒的造访者开始谩骂，丝毫不顾及任何礼节、教养。而与此同时，格里利仍在继续写作。他奋笔疾书，写了一页又一页，一点声色都没动。

大约骂了20分钟以后，这个生气的人开始感到厌烦起来，准备转身朝门口走去。这时，格里利第一次抬起头，从椅子上站起来，友好地拍了拍这位先生的肩膀，用一种愉快的语调说道："别走，朋友，坐下，坐下，消消气吧，这篇文章会对您有好处——您对这件事的态度会有所转变。而且，您对我即将写的内容也有所启发。不要走。"

☐ 懂得放弃，可以让你更加专注

许多人之所以失败，主要原因是他们将精力分摊到许多不重要的事情上面，他们希望成为一个面面俱到的万事通，而不是一个无与伦比的专家。

科尔里奇具备非凡的精神力量，但却没有明确的目标；他生活在一种精神涣散的状态，这消耗了他的能量与耐力，他生活的许多方面也都是惨不忍睹。

他总是在制订计划，在下决心，但直到死的那一天依然只剩下计划与决心。"科尔里奇死了，"查尔斯·兰姆写信告诉他的朋友，"听说他留下来大约4万篇关于玄学与神学方面的著作——但一篇也没完成！"

马修博士说，将精力分散到许多目标上面的人很快就会耗尽精力与热情。"千万不要学习投机，"沃特斯说，"所有投机都是徒劳的。制订一个计划，设定一个目标，然后朝着这个目标去努力，竭尽全力去学习，你一定会成功。我所谓的学习投机是指只是因为某样东西可能将来的某一天有用就去学习它。"

目标的确定性是所有真正伟大艺术的特征。那些在一张画布上堆砌大量创作想法的人一定不会是伟大的画家。天才艺术家往往懂得用最简单的和谐来表达复杂的多样性，懂得在主要人物身上突显主要思想，并让所有次要人物以及光影衬托出中心，让观众从那里找到他想要表达的思想。

无论一个人的才艺是多么的精湛，文化知识有多么的广博，他都应该只有一个主要目标，所有次要的精神力量都围绕着这个目标而聚集，并通过这个目标得到合适的表达与体现。

一旦你睡觉都想着工作时，你就能成功

> 判断一个人是否真诚，要看他对自己是否有原则性。语言、金钱、所有其他的东西都不足信，而当一个人珍惜自己的工作，那么他就一定是可信的。
>
> ——洛厄尔

□ **工作中最激动人心的力量就是"全力以赴"**

在巴黎美术馆有一座美丽的雕像，而创作这件作品的雕塑家非常贫困，工作、生活都在一间小阁楼里。当他的黏土模型几近完成的时候，巴黎被一场大雾笼罩。他知道，如果黏土间隙里的水分凝固，美丽的线条就会毁于一旦。于是，他用床单将黏土雕像包裹起来。第二天早上，人们发现他已经死了，但他的创意被保留了下来——由其他雕塑家用大理石作材料将这个创意永久地保存下来。

一位知名的金融家说："只有当银行行长睡觉都想着他的银行时，这个银行才有可能兴旺。"

正如年轻的爱侣会敏锐地发现所爱慕的对象身上具有其他所有人都看不见的上百种美德与魅力那样，一个全力以赴的人的洞

察力会得到提升,他的想象力也会有所放大,直到他看见别人都察觉不到的美丽。

所以,工作中最激动人心的力量就是"全力以赴",它是推动一个人进步的真正动力源泉。

狄更斯说他小说里的情节与人物让他魂牵梦绕、疯狂着迷,在将他们落实到纸上之前,他简直就是茶不思、饭不想。有一次为了写一个故事梗概,他把自己关了一个月,当他出门时,看起来就像个杀人犯一样形容枯槁。

"司乐长先生,我想作曲,应该怎么开始呢?"一位12岁的年轻人问道,他的钢琴弹奏技巧已经非常娴熟。莫扎特有点轻视地答道:"你还是等等吧。""但您在比我还小的时候就开始作曲了呀。"男孩说道。"对,的确如此,"这位伟大的作曲家说,"但我从来没问过这样的问题。当一个人有了作曲家的灵魂的时候,他就会全力以赴地去创作。"

每个人身上都具备在这个世界上有所作为的潜质。不仅仅只是那些天资聪慧或才思敏捷的人,连那些看似木讷的人也是如此——只要他们能做到全力以赴,木讷也会一天一天散去,直到完全消失。

"在世界历史当中,每个重大时刻都是全力以赴者的胜利。"爱默生说,"阿拉伯人的胜利就是一个例子,穆罕默德在短短的几年间,把一个卑微的小国建成了一个比罗马帝国更庞大的帝国。"

正是全力以赴让拿破仑能够在两周内发动一场战争,而换作其他人可能需要一年时间来完成。"这些法国人不是人,他们会飞。"惊慌失措的奥地利人说道。在15天之内,拿破仑就打了6次胜仗,拿掉27根军旗,缴获55台大炮,俘获1.5万名战俘,并占领皮埃蒙特。

在这次令人震惊的溃败之后,一位奥地利将军说道:"这个年轻的指挥官丝毫不懂得战争的艺术。他就是个十足的疯子,简直不可理喻。"但是,拿破仑的士兵都带着不知战败为何物的热情跟随着他们的"小伍长"。

□ 全力以赴是天才的成功秘诀

"在很多情况下,"博伊德说,"三心二意与全心全意的区别就相当于战败与辉煌的胜利之间的差别。"

冷漠的人永远无法率领常胜部队,无法雕刻富有生命力的雕塑,无法奏响高尚的音乐,无法建造令人印象深刻的建筑,无法用诗歌打动灵魂,也无法用豪迈的善举感动世界。

最优秀的劳动产品都是由那些对工作全力以赴的人生产的。

正是全力以赴铸造了门农的雕像,挂起了底比斯黄铜大门。

正是全力以赴将海员颤抖的指针固定在轴线上。

正是全力以赴首次拉起了印刷机的巨大横木。

正是全力以赴为伽利略拿起望远镜，让世界在他的眼前一幕一幕地扫过。

正是全力以赴让哥伦布撑起了在巴哈马群岛清晨的微风中沙沙作响的高高桅帆。

正是全力以赴让雨果在创作《巴黎圣母院》期间将自己的衣服锁起来，让自己在完成作品之前不得出门。

伟大的演员加里克在被问及他吸引观众的秘诀时，他给出了很好的诠释："当你们提到真理或你们认为真实的东西时，仿佛连你们自己几乎都不相信，而我说出哪怕自己都认为不真实的东西时，也仿佛是全心全意地相信。"

全力以赴是天才的成功秘诀。

米开朗琪罗学习解剖学长达12年之久，他几乎为此弄垮了自己的身体，但正是这门课程成就了他的艺术风格以及日后的辉煌。

在已故历史学家弗朗西斯·帕克曼还在哈佛就读期间，他就下定决心撰写北美的历史。他对这一伟大目标倾注了所有的毅力与热情。尽管在达科他印第安人那里搜集历史素材的时候，他的健康遭到破坏，以至于在后来的50年内，他每次的用眼时间都不得超过5分钟，但对于这个在他年轻时就立下的崇高目标，他从未有过丝毫的动摇，直到他向全世界呈现出关于这个历史主题最优秀的历史作品。

林肯在步行6英里借一本语法书之后回到家里，一边烧刨花一边学习。

英国的十字军战俘吉尔伯特·贝克特成为撒拉逊王子宫殿里的一名奴隶,在那里他不仅获得主人的信赖,而且还赢得主人美丽女儿的芳心。不久之后,他从宫中逃跑,返回英格兰,但这位深爱着他的女孩决意要跟随他。她只知道两个英语单词,就是"伦敦"与"吉尔伯特"。但是通过重复第一个单词,她上了通往这座大都市的一艘船只,然后她走街串巷不断使用另一个词汇——"吉尔伯特"。最终,她来到吉尔伯特居住的街道。人群将她带到窗户跟前,吉尔伯特认出她来,将她拥入怀中。

世上最难以抵抗的魅力就是一个人全力以赴的热情。

不准汉德尔这样的小孩去触碰乐器,可这有什么用?他会在半夜偷一把不出声的古竖琴跑到一个隐蔽的阁楼里去练习。

巴赫小时候因为得不到一根蜡烛,只好就着月光将学习用的书籍内容全部抄下来。

画家韦斯特在一间阁楼上开始习画,并将家猫身上的毛制作成画笔。

□ 你的心理年龄有多大

"人们对年轻人的热情总是给予会心的微笑。"查尔斯·金斯利说道。

拿破仑 25 岁时就征服了意大利。

怀特菲尔德与卫斯理还是牛津大学学生时就开始了他们伟大的复兴计划，前者在 24 岁之前的影响力就遍布英格兰。

雨果 15 岁就创作悲剧，在 20 岁之前就摘得三项学院奖，并获得大师称号。

全力以赴的热情不仅能增添年轻人的魅力，同样也能让老年人超越年龄的限制。

《奥德赛》是一位盲人老者所创作，这位老者就是荷马。

隐修士彼得，这位老者富有感染力的热情让欧洲骑士精神席卷了伊斯兰社会各阶层。

威尼斯总督丹多罗 94 岁时打胜仗，96 岁时拒绝加冕。

惠灵顿 80 岁时规划并监督防御工事的建造工作。

培根与洪堡直至生命最后一刻都还在如饥似渴地学习。

老蒙田在晚年的智慧与爱情生活丝毫不减当年，即使遭受痛风与疝气的不断发作也是如此。

约翰逊博士最优秀的作品《诗人的生活》就是在 78 岁时写就的。

笛福出版《鲁滨孙漂流记》时已经 58 岁。

牛顿在 83 岁时对力学学说新增了一些概要内容。

柏拉图 81 岁时在写作的过程中去世。

汤姆·斯科特在 86 时开始学习希伯来语。

詹姆斯·瓦特 85 岁开始学习德语。

萨默维尔夫人89岁时完成《分子与显微镜科学》。

洪堡90岁完成他那部《宇宙》，一个月之后他就去世了。

伯克在35岁之后才在议会谋得一席之地，但他让全世界都感受到了他的人格魅力。

格兰特在40岁时尚毫无名气，到42岁时已成为史上最著名的将军之一。

埃里·惠特尼准备上大学时已经23岁，30岁才从耶鲁大学毕业，但他的轧棉机为美国南部各州打开了一片光明的工业前景。

帕默斯顿勋爵（直到生命的最后一刻还是一个"老男孩"，他在75岁时第二次担任英国首相，81岁去世时还在担任首相一职。

77岁的伽利略眼盲体弱，仍然遵循钟摆原理，每天坚持工作。

乔治·史蒂芬孙成人之后才学习读书识字。

朗费罗、惠蒂尔与坦尼森有些最优秀的作品都是在70岁之后完成的。

德莱登在63岁时开始翻译《埃涅伊德》。

罗伯特·霍尔过了60岁才开始学习意大利语，这样他就可以读懂原版的但丁作品。

诺亚·韦伯斯特的17门语言都是在50岁以后所学。

年龄的真正本质只在于一个人是否拥有热情。失去全力以赴的热情，即便你正当壮年，你的心理年龄也已经老了。

你的心理年龄有多大——是否年轻？如果不是，你就需要怀疑自己的身体是否适合自己的工作。

坚守原则的人最可信

> 闪光的东西,并不都是金子;动听的语言,并不都是好话。
>
> ——莎士比亚

□ **我们无法选择出身,但可以选择成为什么样的人**

品德就是资本,但太多年轻人低估了这一点。他们似乎更加重视精明、影响力而不是正直诚实的品德。

在一次案件当中,有人叫林肯说谎时,他说:"我不能这么做,如果我那样做的话,当我与法官交谈的时候,我会一直想:'林肯,你是个骗子,你是个骗子……'我相信自己到时候会大声地把这些话说出来。"

为什么有那么多人对一个已经去世这么长时间的人表现得如此关心?这是因为林肯有一种力量,他具有某种品质,代表了可靠与公正。

一些年轻人虽然懂得这些道理,但他们却依然将事业建立在一个奸诈欺骗、诡计多端的基础之上,而不是建立在一个道德、法律与公平正义的坚固岩石之上,这难道不奇怪吗?这么多人为建立一个不可靠、不诚信的事业而努力,而不是为建立一座诚实、公正、可靠的坚固大厦而奋斗,这难道不异常吗?

内森·施特劳斯被问及企业获得巨大成功的秘诀时说道,秘诀就是他们总是履行承诺。他说他们不树敌,不冒犯或利用客户,不让客户感觉自己受到不公正待遇。因此,从长远来看,为合约一方提供最公平公正交易的人将会以最快的速度获得成功。

有些商人家财万贯,但在同胞中却没什么影响力,因为他们的财富都是通过卑劣的手段获得的。他们习惯于欺诈和弄虚作假,以至于整个生活标准因此而降低,他们的理想开始萎缩,业务的品质不断下降。

与这些人相比,那些始终坚守原则的人、那些与品德高尚的人为伍的人,他们最终会备受推崇。

卡尔·舒尔茨是一个铁腕人物,因此树敌不少。但就连最强劲的对手也知道他从不背弃一件事情,那就是,不管有没有朋友,有没有政党,他都忠于自己的原则。对于自己的信念,他从来没有商量的余地。如果有必要,他敢于一个人与全世界对抗。他在年轻的时候曾因革命信仰问题在德国被捕入狱,尽管他后来从监狱里逃跑,并逃离自己的祖国,但威廉皇帝对他忠于自己的信念以及坚强的人格表示深深的敬意,邀请他返回德国,并接待他,为他设宴,赠以厚礼。

□ 林肯与罗斯福的成功秘诀

无论一个人的成就有多大,最重要的是他是否能做到一生都清清白白。尽管时间流逝,可为什么林肯的声誉却能日渐显赫,其人格魅力也影响着越来越多的人呢?这是因为他始终保持着清白的记录,从来不糟蹋自己的能力,也不拿自己的声誉开玩笑。

纵观历史,无论一个人多么富有,都没能像这个出生清贫的小男孩对文明产生如此重大的影响。他的成功有力地诠释了品德的重要影响力!

可今天有如此多的人,他们除了做完自己的分内工作之外,不会再耗精力做一些其他的事情,也不愿承担任何额外的责任。他们或许受过良好的教育,精通自己的专业,掌握大量的专业知识,但他们却无法让我们信赖。这是由于他们人格的某种缺陷削弱了他们的影响力。他们可能也相当诚实,但你就是不能寄希望于他们。

我们看到有些人虽然家财万贯,却惶惶不可终日,生怕被查出一些纰漏,让他们的一切毁于一旦!我们还看到他们在法律面前吓得像一条哈巴狗一样,为了不在公众面前丢脸,他们只能做最后的垂死挣扎!他们虽然生活在众目睽睽之下,拥有令人羡慕的财富与权力,被视为可敬而坦率的人,可他们心里明白自己并不是世人眼中的那个样子,他们整天因为担心真相被暴露而惶惶不可终日,这是一件多么可怕的事情!

对于那些刚正不阿的人、没有任何藏匿的人、过着透明干净生活的人,从来都不会担心被揭发什么,无论发生什么都不会严重影响到他们。就算其所有的财产都被一扫而空,他们也知道这并不会影响自己在人们心目中的形象,他仍然受到人们的敬仰与爱戴,没有任何事情能够伤害到他真实的自我,因为他一直都保持着清白的人生。

罗斯福先生很早就下定决心,无论发生什么,无论他的事业是成功还是失败,无论他交了朋友还是结了仇人,他都不会拿自己良好的声誉去冒险——与之相比,他首先会舍弃其他所有的一切。他绝不会拿自己的声誉去赌博,他将竭力让自己的人生保持清白。他的首要抱负就是要有所坚持,成为一个堂堂正正的人。在他成为一名政治家或具有其他什么特殊身份的人之前,他首先会让自己成为一个纯粹的人。

在他的早期职业生涯中,他如果与那些靠不择手段而起家的政客们狼狈为奸,他有很多挣大钱的机会,他也有各种行贿受贿的机会。但是歪门邪道对他从来都没有吸引力,他拒绝与任何人营私舞弊,拒绝插手任何一桩肮脏的交易。如果为了获得某个职位必须做一些玷污声誉的事情,他宁愿让别人去获得这个职位。他的每一分钱、每一个职位或每一次升迁都来得清清白白,没有半点假公济私的行为。那些居心叵测的政客们都知道,想要贿赂他或用关系、金钱、职位或权力去拉拢他都无济于事。罗斯福先生很清楚,他这样会树下许多敌人,但他下定决心坚持到底,甚至最后连他的敌手对他的诚实坦率与光明正大都心生敬意。他决意无论冒任何危险,也要保持名誉的清白,其他任何东西与之相比,都显得微不足道。

在这个时代，世界尤其需要像罗斯福先生这样的人——这些人始终坚持正义与真理，这些人不会迎合公众的喜好，这些人永远将责任与真理作为自己的目标，即使有一片乐土在引诱他，他也不会改变自己的方向，而是直奔目标而去。

在净化政治与提升国家精神方面，有谁能够忽视罗斯福的影响力？他改变了许多政治家的观点，向他们展现了一个更好的从政方式。他让许多贪污受贿和自私贪婪的政客自惭形秽。他的行为展示了一个全新的政治局面，让人们看到无私地报效祖国远比自我膨胀的野心更加高贵。同样在他的影响下，许多年轻的政治家都采取更加清白的手段并且拥有更加崇高的目标。毫无疑问，由于罗斯福始终主张公平交易和公正，使得成千上万的年轻人在生活中表现得更加清白，都努力想要成为一名优秀的公民。

君子不立"危墙"之下

实现成功的原则就是正义与公正、诚实与正直，偏离这些原则的人就找不到解决问题的办法。

我们通常收到这样的信件，信件里面写道："我薪水颇丰，但我不知道为什么感觉有所不妥。我内心里一直有个声音在对我说：'不对，不对，别做这件事了，别做这件事了。'"我们总是对写信的人说："不要继续待在一个有争议的行业里，无论他们提供的薪水多么具有诱惑性。如果你继续跟随，那道虚光会引领你触礁。它会败坏你的心理官能，让你的性格变得麻痹。因而，不要做受到良心谴责的事情。"

如果你的雇主期望你做一些有争议的事情，告诉他，除非你可以在所做的事情上面盖上正直的图章，否则你不会为他继续工作。告诉他，如果你内心最高尚的品质不能带来成功，最卑劣的东西则更加不能。你不可以向不诚实的人或机构出卖自己最优秀的品质，不可以出卖你的荣誉和品格。如果有人诱惑你出卖自己的品质、荣誉和品格，你就应该把这种行为视为对自己的侮辱。

下定决心，你除了接受应有的报酬，更重要的是堂堂正正地做人；下定决心，无论是做广告文案，推销商品，还是从事其他任何行业，你都不会只为了薪水出卖自己的能力、创造力与自尊；下定决心，无论你从事什么职业，你都会有所主张与坚持。你不是只要成为一名律师、医生、商人、职员、农民、议员，或者只想着多挣钱，而是你首先要成为一个人，并始终坚持做一个堂堂正正的人。

第七章

随时升级自己的人生资本

一个人如果没有力量上的积蓄，那他一旦遭到失败，往往就没有东山再起的可能。有很多人由于没有积蓄相当的资本，以致不能应付目前的事务，更不用说应付非常时期的种种困难了，最终导致在人生路途中遭到失败。

在每个人的生命中，总会有大好机会的降临，而一个人能否抓住机会，能否成功，全看他积蓄的资本是否充足。人的一生中，最有价值的事情，就是能够储藏可供一生应用的充足资本。资本储藏得愈多，未来的成就也就愈大。

约翰·格兰特在一家五金商店工作，每周只能赚两美元。当他刚进商店时，老板就对他说："你必须对这个生意的所有细节了如指掌，这样，你才能成为一个对我们有用的人。"

经过几个星期的观察和适应，年轻的格兰特注意到，每次老板总要认真检查那些进口商品的账单。由于那些账单使用的都是法文和德文，于是，他开始学习法文和德文，并开始仔细研究那些账单。

一天，他的老板在检查账单时突然觉得特别劳累和疲倦，格兰特看到后，主动要求帮助老板检查账单。由于他干得实在是太出色了，以后的账单自然就由格兰特接管了。

格兰特的薪水很快就涨到每周10美元。一年后，他的周薪达到了 180 美元，并经常被派往法国、德国。他的老板评价他时说："约翰·格兰特很有可能在 30 岁之前成为我们公司的股东。他在工作中积累了足够多的资本，虽然他也做出了一些牺牲，但这都是值得的。"

好习惯就是起跳的力量

> 习惯不加以抑制，不久它就会变成你生活上的必需品了。
>
> ——奥古斯丁

哲人云："播下一种行为，收获一种习惯；播下一种习惯，则收获一种性格。"

□ 所有的失败都源自不良习惯的累积

乔治·斯汤顿爵士曾经探视过一名犯下谋杀罪的印度男子。对于这个犯人而言，虽然是死罪可免，但是却活罪难逃。同时，也为了让他意识到自己的罪行所带来的严重后果，令其受到应有的惩罚，族人们决定对他施行一种可怕的刑罚。他们在一张床上镶满了铁钉，虽然这些铁钉并不是那样锋利，也不能够刺穿犯人的肉体，但是它们却足以令人感到痛苦。然后，行刑者便命令这名犯人在这样的一张床上连续睡上7年之久。在这名犯人刑期满

5年的时候,乔治爵士见到了他。当时这名男子的皮肤已经变得好似犀牛皮一般结实,而且他竟然能够舒舒服服地睡在那张仿佛荆棘密布的床上,并且他还说,7年刑期结束后,如果让他来选择,他依然会选择同样的床来睡。

这则关于罪孽深重之人生活的寓言是多么生动啊!罪人,先是睡在一张镶满了铁钉的床上,然而经过一段时间之后,随着他自身道德敏感性的逐渐沦丧,他竟然会认为这种生活非常舒适。

约翰·B.高夫曾经讲述道:"假设你正在尼亚加拉河上驾驶一艘船,随着河水顺流而下的漂移,这河水通体透亮,平静而美丽。忽然,有人在河岸上呼喊着,'年轻人啊,喂!''怎么了,有什么事情吗?'

"'湍流就在你们的下方,要当心啊!''哈!哈!我们已经听到了湍流的声音,但是我们还不至于愚蠢到要漂流到湍流那里去。如果我们漂流得太快,那么,我们将会拉起船舵,驶向岸边。因此,孩子们,请不要惊慌,没有什么可担心的,没有什么危险的。'

"'年轻人,喂!''怎么了,有什么事情吗?''湍流就在你们的下方,小心啊!''哈!哈!我们会一边大笑,一边畅饮。未来会怎样?没有人会知道?我们需要的是今朝有酒今朝醉,要懂得及时行乐。对于我们而言,我们拥有充足的时间去逃离危险。''年轻人,喂!''怎么了,有什么事情吗?''当心啊!当心啊!湍流就在你们的下方!'

"现在你们看到周围都是布满泡沫的水了吧。我倒要看看你们如何才能够迅速地通过那里！快拉起舵啊！就是现在，马上改变方向！用力拉！快，快！为了你们的性命，用力拉起舵啊！拉至鲜血从鼻孔中流出，额头上的青筋暴露，好似被鞭笞一般！快将桅杆插到插孔中！将帆扬起！啊！啊！已经太迟了，一切都已经太迟了！尖叫声、咒骂声、嚎叫声、亵渎的诅咒声不绝于耳。

"每一年都会有无数的人去穿越湍流，但是由于习惯使然，他们总是认为自己能够及时地逃离危险，然而最终却付出惨痛的代价，他们总是说：'如果我发现这会伤害到我的话，我就会放弃！'"

在社区中，一些居民经常会因为听到某些周围人的犯罪行为而感到惊讶，甚或震惊。昨天还在街上或者他的店铺里看到的那名男子，今天却在毫无迹象的情况下犯下某种罪行。然而，这个人昨天以及前天的所作所为，自然而然会导致他今天走上犯罪道路。这是他之前所有习惯的负面力量积累到一定程度所导致的恶果。

有一位画家，他曾经希望创作出一幅寓意为"无辜"的画，于是他绘制了一幅孩子正在祈祷的画像。小祈求者跪在他的母亲身旁，他那双小手虔诚地合在一起，他温和的蓝眼睛向上张望着，目光中透露出甘愿奉献与平静的神色。画家将这幅画像视若至宝，并将之挂在自己家中的墙壁上，并将其命名为《无辜》。多年之后，这位画家已经步入老年，那幅画则依然挂在那里。这位画家于是经常会产生这样一种想法，他想再画一幅与之寓意相反的画——表达"罪恶"的画。但是，他却一直没有遇到合适的机会。最后，他探访了附近的一所监狱，才使得自己的这一愿望得以实现。在狱室潮湿的地板上，蜷缩着一个身着沉重镣铐的肮脏囚犯。他的身体很差，眼神空洞，脸上布满堕落的痕迹。画家的画像完成了，他获得了极大的成功。而那两幅名为《无辜》和《罪恶》的画像则在他家的墙壁上比邻而居。后来，人们才发现，原来两幅画像中的原型竟然是同一个人。最初，他经历了一个天真无邪的童年。继而，在罪恶和不良习惯的唆使下，一步步地走向了堕落。

两个水手，酒过三巡之后，从他们的船舰上取下一艘小船。他们奋力地划着这艘小船，却发现徒劳无功，船根本就没动，不久他们两人就开始互相指责，彼此都认为对方偷懒，没有出力。接着他们又再度用力划桨，就这样又过了一小时，但是他们的小船仍然没有前进。这时，他们冷静下来，其中一个水手仔细检查了船的另一边，然后对另一个水手说："汤姆，我知道是怎么回事了，我们还没把船锚拉起来呢！"由此可以看出，人们常常会在不经意间走入思维定式，但是，也许正是这种定式阻碍了他们的前进步伐，尽管他们已拼尽全力。

□ 养成好习惯，解放你的心灵

遵从习惯的规律，直至习惯成自然，那时，我们就能够将生活的技巧完完全全地传送到神经中枢,从而形成下意识的行为。如此一来,我们的思维就解放了,可以自由支配一切了。

在我们的一生当中,大脑都在不断地训练着我们身体的不同区域去养成各自的习惯,从而通过反射行为进行自主工作。因此,大脑委派给神经系统以大量的生活职责。这是大自然的精明之处,它将大脑从单一的枯燥行为中解放出来,从而使其能够集中精力服务于更高级的工作。

□ 勿以善小而不为,勿以恶小而为之

一个人的生命著作到底会成为一篇杰作还是一篇凡作,这要取决于他的每一个小习惯的形成过程,到底是一个良好的、留心的形成过程,还是漫不经心、毫不在意的形成过程。

新奥尔良市毗邻密西西比河,这条河的河水水位比新奥尔良市要高出5~15英尺。而对于这座城市而言,唯一用以防止河水水漫金山的保护措施就是一条河流堤坝。1883年5月,这条堤坝上出现了一道小裂缝,由此,河水可以通过这道裂缝涌入新奥尔良城内。如果在人们发现这道小缝隙之时,便当机立断地对这道缝隙进行修补,那么只需要几袋沙子或者泥土就可以将这道裂缝堵住,从而阻止河水入侵。然而,由于这道小裂缝开始时没有得到足够的重视,仅仅只是延误了几个小时,涌入的水流便增大到势不可挡的地步,此时,一切努力皆已徒劳。于是,一道悬赏令下,只要有人能够阻止河水涌入,就可以获得50万美元的巨额奖赏。

然而，一切都已经太迟了，根本就没有人能够阻止住汹涌的河水入侵。

现代生理学研究表明，人的习惯中枢会对习以为常的刺激越来越敏感，继而会越来越容易地对此种类型的刺激做出回应。也就是说，对于某种行为而言，每一次重复都会令我们更易于实施这种行为，而且我们还会发现，在人体的绝妙机制中，我们拥有着一种喜好永久重复的倾向，这种倾向大幅度地增加了重复的比率。最终，起初的行为就会逐渐演变成为一种源于自然反应的自觉行为。

所以我们要时刻警惕着，"勿以善小而不为，勿以恶小而为之"，要懂得"防微杜渐"。

□ 重塑习惯不是一蹴而就的事情

习惯就像是一棵生长得弯曲的树，你不可能跑到树林里去抱住一棵树，并且对它下达命令道："从现在开始，你要笔直地生长！"然后令它服从你而笔直地生长。那么，你该怎样去做呢？你可以在这棵树的旁边钉入一根笔直的桩子，然后将这棵树绑到这根桩子上，使其向相反的方向弯曲一点点，并将已弯曲那一侧的树皮割开一些。此后，如果在生长季中，你每个月都能如此去做，并且每次都能够令这棵树向相反的方向弯曲一点点，令它紧紧地贴靠在你之前钉在其旁边的桩子上。那么，日复一日，伴随着四季更迭，最后，你一定会成功地使这棵树笔直地生长。

让一棵树笔直地生长，做到这一点并不难。但是，你却不可能一蹴而就，马上就实现这一目标。你需要像上面所讲述的那样，需要花上一两年；你需要日积月累，循序渐进才行。

很少有人告知那些想要洗心革面的人，在他的前方，一场伟大的战役即将打响。他必须持续地、痛苦地、虔诚地运用自己所有的意志力去打破那些旧习惯。

没有人告诉他们，尽管他们拼尽全力，但是，一旦他们放松警惕，一些曾经通往不良习惯的开关可能就会被悄然打开，一些曾经的欲望可能就会在他们前进的路上若隐若现，而且，还有可能在他们尚未意识到这一切之前，他们就会发现自己已经再度屈服于曾经的诱惑之中，而这种诱惑却正是他们此前意欲永久克服和摒弃的。

有一个退伍的老兵，他正走在回家的路上，他一只手里拿着牛排，另一只手里提着一篮鸡蛋。这时，忽然有人大喊一声："停下！注意！"老兵立刻站直，而且，由于他的胳膊端起了"注意"的姿势，于是，鸡蛋和牛排便随之翻落到街道上，他的神经对于曾经的刺激已经习以为常，因此他仍然会不由自主地对这种刺激产生反应。

犹如破茧之蝶一般，在化蛹之时，我们丝丝入扣，认认真真，作茧自缚。而在破茧一刻，我们只能奋力去挣脱每一缕丝茧的纠结，才能够得以化蛹成蝶。大厦不会平地而起，而是我们一砖一瓦的累积之作。因此，我们想要达成凤凰涅槃之壮举，也必须凝聚片瓦之功，方可拥有变幻沧海桑田之力。

附：如何养成新习惯

最好的做法是：一旦确定了新习惯的内容之后，就不要再犹豫，马上开始行动。刚开始可能并不容易，但在经过21~30天的时间，一个新的习惯就可以固定下来了，就好像早上刷牙那样自然。

以下两种方法可以用来促进新习惯的养成：

1. 集中精神，找准目标。坚定自己奋斗的信念，并不断预见积极的成果。只有这样才能使自己展现勇气，找到自信，并下定决心，充满动力地完成该做的事情。

2. 周密地计划一些行动，并完成这些计划，这样就可以带领自己上升到一个新的高度。

修炼你的气场

> 最好的满足就是给别人以满足。
> ——拉布吕耶尔

□ 气场是你独一无二的精神名片

说到气场，它可能是摄影师无法捕捉、画家无法临摹、雕塑家无法雕琢的某种东西。这种微妙的东西只可意会，却不可言传，传记作家从来无法在作品中描述它，但它却对一个人的成功有着很大的影响。

有些人具有异乎寻常的气场，正是这种无法形容的品质，让群众一听到布莱恩或林肯的名字就欣喜若狂——人们对他们的赞许简直超越了热情的界限。正是这种特殊的感染力让克莱成为选民心中的偶像。尽管卡尔·霍恩可能是一个更为伟大的人，但他从未像这位"磨坊男孩"那样在民众中间掀起如此巨大的狂热。韦伯斯特与萨姆纳都是伟人，但唤起的自发热情却不及布莱恩与克莱的一丁点儿。

一位历史学家说："在评估科苏斯对群众的影响时，我们必须首先认真考虑一下这位演讲家的气场，然后才对他的感染力进行评估。如果我们有足够强的判断力以及足够精密的测试，那么我们就不仅能够衡量一个人的气场,而且还能够对学生与年轻朋友们的未来可能性进行评估。我们通常只是错误地从一个人的能力去判断他们未来可能会从事什么职业,而没有认真考虑他们的个人气场也是他们的一项成功资本。然而,这种个人气场与一个人的进步、脑力或教育都有很大关系。的确,我们总是看到能力平庸但个人风度迷人、举止优雅以及具有吸引力的人的晋升速度往往要超过那些资质绝对胜过他们的人。"

有些演讲家在演讲的时候能在观众中间刮起旋风,但如果将他们的演讲稿打印出来,变成不包含任何个人感情因素的冷冰冰的语言,这些文字一点儿也感动不了读者,这种情况很好地诠释了个人气场的影响。

这种具有一种神奇力量的人,我们会无意识地受其影响,我们一来到他们面前,就会产生一种被放大的感觉。他们打开了我们之前从未意识到的潜力和可能性。我们的眼界变宽阔了,感受到整个体内激荡着一股全新的力量;我们体会到一种解脱感,仿佛一直压在我们身上很久的重负被清除了。

尽管可能是首次见面,但这类人的交谈方式也会让我们大为惊讶。我们的表达能力从此将变得更加清晰有力,超出我们自己的想象。他们将我们身上最优秀的品质挖掘出来,他们似乎激发出了我们体内更强大、更优秀的潜能。在他们面前,我们的脑海里涌现出了前所未有的冲动与憧憬。我们的生命立刻呈现出高尚的意义,我们内心燃烧着一种热望,希望自己有所作为。

也许就在几分钟前,我们还在伤心沮丧,可突然之间,这种强大的气场犹如一道闪电在我们的生命中劈开一道裂缝，向我们展现隐藏的能力。忧伤被欣喜所取代，失望让位于希望。我们被更加优秀的问题所触动，看到高尚的理想，至少在这一刻，我们脱胎换骨。

即使与这样的人只有短暂的接触，我们的精神力量似乎也被大大增强，这就像两台大发电机可以将经过电线的电流增大一倍那样，我们不愿离开这股具有魔力的气场，唯恐失去了这种新生力量。

许多女性都天生具有这种气场，但这完全与外貌是否美丽无关，长相平平的女性往往也具有这种魅力。有些负责法国沙龙的女性要比在位执政的国王更具有某种独特的魅力。在社交聚会上，如果气氛陷入低潮，有些颇具个人魅力的聪慧女子一旦加入谈话，整个局面就会发生变化。她可能并不漂亮，但在场所有人都被她吸引，他们认为能够同她说话简直是荣幸。

就像诗歌、音乐，或艺术一样，尽管气场也是自然之赐，但只要我们愿意，每个人都能够培养出这种个性魅力。

□ 气场：让人愉快的能力

简而言之，气场是一种让人愉快的能力，它包括乐观的性格、亲切的举止、优雅大方的风度。

所有大门都向令人愉悦的、开朗的人敞开。他们走到哪里都受到欢迎和追捧。许多年轻人都将晋升或成功归功于自己乐于助人的性格。这也是林肯的主要性格特征之一，他除了爱帮助人以外，在任何情况下他都能令人愉快。他的律师同事赫恩顿先生说："当林肯在拉特里奇酒馆寄宿的时候，当时酒馆住满了人，他经常就弃床不睡，睡在店里的柜台上，用一卷白棉布当作枕头。不知为什么，所有遇到麻烦的人都会求助于他。"这种乐于助人与广结善缘的慷慨品质让所有人都喜欢他。

让人愉快的能力是一项巨大的财富。还有什么比总是吸引人、从不招人反感的个性更宝贵？这种宝贵不仅体现在工作当中，也体现在生活的方方面面。它造就了政治家，它为律师招揽了客户，它为医生带来了病人……无论你从事什么职业，气场都对你无比重要。

有些人吸引业务、顾客、客户、病人，如同磁铁吸引铁块一样自然，似乎一切都朝他们靠近，如同铁块靠近磁铁一样——因为他们都具有气场。这些人都是业务"磁铁"。业务会自动接近他们，有时他们的努力程度甚至不及有些人的一半，但那些人却不如他们成功。朋友称他们为"幸运儿"，但如果我们仔细分析这些人，我们会发现他们都具有吸引人的素质，都具有赢得所有人欢心的气场。

如果那些成功的业务人员和专业人士分析自己的成功，他们会惊讶地发现成功在很大程度上都归功于他们的谦恭习惯以及其他受欢迎的品质。如果不是因为这些，他们的睿智、精明与业务培训也许连一半的成功都实现不了。因为，无论一个人有多么能干，如果他的举止粗鲁，客户、病人或顾客都会敬而远之；如果他的个性令人反感，他始终都会处于不利地位。

让自己成为一个受欢迎的人绝对有好处,它会让你成功的机会提高一倍,它也会起到增强人格与培养品性的作用。一个人想要受到别人的欢迎,必须扼杀自私,必须阻止不良倾向,必须礼貌友善,必须具有绅士风度以及令人愉快的能力。一个人为了受到他人的欢迎而努力的过程,也是他迈向成功与幸福的过程。

□ 气场修炼的秘诀

修炼你的气场吧!这会提高你的自我表达能力,这会激发你的成功素质,这会拓宽你的同情心。天生具有这种个人魅力者几乎微乎其微,但后天培养却是可能的,因为它是由以下几种品质构成,而所有这些品质都可以后天培养。

·无私的人都具有自己气场,而那些时刻想着自己,总是试图算计如何才能从他人那里捞到好处的人从来就不吸引人。我们本能地讨厌那些凡事只想自己又不顾他人的人。

·令人喜爱的秘诀在于友善、有趣。如果你想令人愉快,那么你就要学会宽宏大量。狭隘小气的灵魂只会招人讨厌,具备这种性格的人会让人退避三舍。如果你能带给人们甜蜜与光亮,那么他们就会接近你,因为人们都在追寻阳光,试图远离阴影。

·可爱的品质吸引人,同样,不可爱的品质遭人反感。优雅的举止令人愉快,粗鲁的举止让人厌恶。我们总是禁不住被乐于助人的人深深吸引,他们同情我们的处境,总是想让我们更加舒适,尽自己所能为我们提供便利。而在另一方面,有些人却总是试图想要从我们这里捞点好处,在车上或大厅里争先恐后就为占得最好的座位,他们总是选最舒服的椅子,总是挑桌上最上等的饭菜,我们对这些人当然反感。

· 将自己最好的一面展现给接触你的人。第一次见面总能给人留下美好印象,与潜在客户见面就好像你们已是相识多年的朋友,不触犯到对方的尊严,不引起对方一点偏见,却能获得他的支持与好感。

教养是你最美的外衣

> 教养中寄寓着极大的向往——对美好和光明的向往,它甚至还有一个更大的向往——使美好和光明战胜一切的向往。
> ——阿诺德

□ 教养是你最美的外衣

有一次,维多利亚女王用她专横的口吻对丈夫阿尔伯特亲王说话,这伤害了他作为一个男人的自尊,他来到自己的公寓房间,锁上门独自待在里面。大约过了5分钟,有人敲门。"是谁?"亲王问道。"是我,给英格兰女王开门!"女王陛下傲慢地答道。屋里没有任何反应。过了很长一段时间,传来轻轻的敲门声与轻柔的话语："是我，维多利亚，你的妻子。"

生活、性格以及艺术之美，都没有尖锐的角度。美的线条总是绵延不断，如此轻柔，曲线与曲线相互交融。正是尖角让许多灵魂变得不再美丽。鲁莽、粗鲁、不合时宜，都会让我们的魅力大打折扣。

"朝狗扔块骨头，"一位睿智的观察者说，"它会叼着这根骨头跑了，但它跑的时候不会摇尾。把狗叫到跟前，拍拍它的头，让它将骨头从你手中叼走，这时它的尾巴因感激而摇晃个不停。狗都分得清楚好事以及做好事的优雅举止。"

所以说，教养是你最有力的社交武器！

拿破仑听到约瑟芬允许年轻英俊的罗吉斯将军与她并肩坐在沙发上时，极为不悦。约瑟芬解释道，与她并肩坐在沙发上的不是罗吉斯将军，而是一位上了年纪的将军，完全不用遵守宫廷礼仪。拿破仑顿时对她的谦恭表示高度赞扬。

杰斐逊总统有一天与孙子一起骑马，他们遇到一个奴隶，这位奴隶向他们脱帽鞠躬。总统抬起帽子以示回敬，但他的孙子却对这位黑人的礼貌熟视无睹。"托马斯，"祖父说道，"你难道要让一个奴隶比你还要更绅士吗？"

"林肯是第一个我在美国可以随意交谈的伟人，"弗莱德·道格拉斯说,"我从他身上看不到一丝迹象表明他与我之间有何差别、人种之间有何差别。"

詹姆斯·罗素·洛威尔对乞丐和君主同样有礼,有一次有人看到他在意大利与一位街头手风琴演奏者攀谈很久,他是在了解意大利的风土人情,因为这些人对此了如指掌。

在伦敦一条崎岖的街道上,一位年轻女士在急转弯的时候,由于跑得太急,迎面与一个衣衫褴褛的小乞丐相撞,差点把他撞倒。她赶紧停住,转过身来,非常亲切地说道:"请原谅,小家伙,很抱歉撞到你了。"这个小男孩错愕地看了她一会儿,然后脱帽,深深地一鞠躬,脸上露出高兴的笑容,"请原谅我,小姐,没事,没事,下次你撞到我,你可以把我撞翻在地,我也不会说一个字。"

谦恭有礼总会有回报。

"为什么我们的朋友在商业上无法取得成功?"一位纽约的投资者说,"他有足够的资金,对业务也有透彻的理解,而且为人极其精明。""但他为人乖戾阴郁,"被咨询者回答,"他总是怀疑员工在欺骗他,对客户也非常无礼。因此,没有人为他尽心尽力,客户们也都跑去光顾那些店员比较和气的商店。"

巴黎大型百货公司"彭马奇"就是教养带来巨大商业价值的

最佳典范。这家百货公司雇有数千名员工，在那里几乎一切都可用来出售。这家商场有两个明显特征：低价与极度的有礼。光有礼貌还不够，员工必须想尽一切办法让顾客感到满意自在。他们提供比别家商店更多的服务和享受，于是，几乎所有的顾客都欣然记住了"彭马奇"。由于这个原因，这家企业一直在不断地发展，据说已经成为世界同类商场中规模最大的一家。

"谢谢，亲爱的，欢迎下次光临，"兰迪·弗特对一个买了一便士烛花的乞丐小女孩说道，结果这几乎成了一个活广告，使他成为一名百万富翁。

教养之于男人犹如美丽之于女人——它立刻会给人留下一个美好的印象。

有一个奇怪的古老传说，修道士巴塞尔被教皇逐出教会后死去，他在一名天使的陪同下被派往阴间，去那里寻找自己的合适位置。但无论走到哪里，他亲切和蔼的气质和出色的沟通能力都为他赢得大批朋友。堕落天使学习他的风度举止，就连守护天使也不远千里来看他，与他共处。为了惩罚他，他又被打入冥府的最底层。他与生俱来的礼貌善良不可抵挡，似乎将地狱变成了天堂。最后，天使说没找到合适的地方惩罚他。他仍然还是那个巴塞尔。于是，他的判决被撤销了，他被派往天堂，被正式封为圣徒。

第七章 随时升级自己的人生资本

一位从纽约来的夫人刚刚在开往费城的列车车厢里落座,她前面一名略显结实的男子就点起一支香烟。这位夫人便开始咳嗽,并不停地在车厢里来回走动,但这种暗示并没什么效果,于是她不客气地说道:"你可能是个外国人,不知道火车上有吸烟车厢。这里是禁止吸烟的。"这名男子没有吭声,但将香烟扔出了窗外。令她大为惊讶的是,过了一会儿列车长跑来告诉她,她进的是格兰特将军的私人车厢。她满心疑惑地退出车厢,但就像刚才扔掉香烟一样,格兰特将军再次表现出良好的教养,他连好奇地看一眼都没有,更别提有什么幸灾乐祸的表情了。

朱利安·拉尔夫在给亚瑟总统发完前往海岛钓鱼的电报之后,于深夜两点返回下榻酒店时,发现所有的门都被锁上了。他当时身边有两个朋友相陪,他敲敲侧门想要唤醒服务生,但令他懊恼不已的是,开门的竟然是美国总统!

"为什么?没事,"当拉尔夫先生请求原谅的时候,亚瑟总统说道,"如果我没来开门,你到早上才能进来。除了我,没有人能够上来。我本来可以叫门童去开,但他睡得很香,我实在不愿叫醒他。"

已故的爱德华国王在身为威尔士王子的时候就是欧洲第一绅士,他曾经邀请了一位著名人士共进晚餐。当上咖啡的时候,这位客人做了一件令人大跌眼镜的事情,直接从咖啡托盘上喝咖啡。这时有人开始偷笑,王子马上注意到这些人为什么偷笑,于是他郑重地将咖啡杯里的咖啡倒进托盘里，效仿这位客人喝起咖啡来。其他王室成员顿时安静下来，窘迫地意识到王子的行为实为一种指责，于是也默默地如法炮制起来。

□ 教养的艺术就是成功的艺术

良好的教养是一笔财富。教养好的人即使没有财富的基础也可成就大业，因为他们在各个地方都可畅通无阻。所有的大门都朝他们打开，他们没有钱也能够自由进入。他们几乎可以享受每一件事，而不存在购买或拥有的麻烦。每一个家庭都像欢迎阳光一样欢迎他们，为什么呢？因为他们将阳光与欢乐洒向每一个地方，他们让嫉妒缴械，因为他们善待每一个人。

蜜蜂不会去叮涂抹蜂蜜的人。

"一个人拥有良好的教养，是对他人粗鲁举止的最佳保护。"切斯特菲尔德说，"伴随良好教养的是一种高贵，脾气极坏的人对这种高贵也是敬重有加。没有人会对马尔伯勒公爵说无礼的事情，或对罗伯特·沃波尔说文明的事情。"

真正的绅士不会激发他人的对抗情绪，如报复、憎恨、恶意或嫉妒等，因为它们是毒化人类心灵的根源，会让灵魂变得枯萎。内心豁达与善待他人对于有教养的人来说绝对必不可少。

亚里士多德这样描述一位两千多年前的真正绅士："这位坦荡之士无论境遇好坏都淡然处之，他永远都是得意怡然，失意泰然。他永远也不会选择冒险，也不追逐冒险。他既不喜欢谈论自己，也不喜欢议论他人。嬉笑怒骂，皆由他人评说。"

绅士是温和的、谦恭的、有礼的，不会冒犯他人。他也不会揣测邪恶，因为他从来也想不到邪恶。他考虑的事情就是提高品位，克制情感，控制言论，以及视其他所有人都和自己一样善良。绅士就像瓷器，必须在上釉之前涂漆，在烧之后，无法再做任何改变，后来添加上去的东西都会被清洗掉。

一个人即使失去了所有，但保留了勇气、愉悦、希望、美德与自尊，他依然是真正的绅士，他依然富有。

"我听说，你取代了富兰克林博士。"法国大臣韦尔热讷伯爵对杰斐逊先生说道，后者被派往巴黎替换富兰克林。"我只是继任他，没人能够取代他。"这个备受欧洲最有礼貌的皇室尊重的人得体地答道。

有教养是生活中一个多么重要的因素。它是道德品质结出的善果，是迈向成功的秘诀。

巴特勒先生是普罗维登斯的一位商人，有一次他已经关上店门，可就在回家的路上碰到一个想买一轴线的小姑娘。他于是往回走，将店门打开，去拿线给这个小姑娘。这件小事于是传遍全城，这为他带来成百上千的顾客。他后来变得非常富有，这在很大程度上得益于他的殷勤有礼。

巴尔的摩的罗斯·温南思将自己巨大的成功与财富主要归功于他对两名外国陌生人的有礼。尽管他只有一家没什么价值的工厂，但他在为来访者解释极为详细的细节时表现得非常有礼貌，这些与来访者在一些大型工厂受到的有限待遇形成鲜明对比。这些陌生的来访者是被沙皇派来的俄罗斯人，他们后来邀请温南思先生去俄罗斯创建火车头工厂。他就去了，很快，他的优雅风度给他带来的利润每年超过10万美元。

一个贫困的助理牧师看到一群粗鲁的孩子在嘲笑戏弄两个身着旧式服装的老处女。这两位女士尴尬不已，不敢走进教堂。这位助理牧师推开人群，把她们带到中央过道，在人群的窃笑声中，给她们安排比较好的座位。这两名女士尽管与他素不相识，但在她们死后却给这位有礼的助理牧师留下了一笔巨大财富。

有些人几乎没日没夜地工作，连基本的舒适生活也拒绝享受，他们只迫切地想要追求成功，但他们的粗鲁无礼导致他们根本不可能取得成功。他们让客户感到反感，生意自然就落入别家，尽管别家其实并不物有所值，但他们却表现得更为友善。

没有教养通常让诚实、勤奋以及巨大的努力都化为乌有，而亲切友好的优雅态度却能大获全胜。以两个人为例，他们在其他所有方面都优势均等，如果其中一人亲切有礼、乐于助人，而另外一个人粗鲁严苛、傲慢无礼，那么前者的财源会滚滚而来，后者将会饿死。

☐ 教养的成分配方

如果我们想拥有良好的教养，那么我们必须先美化自己的内心。因为每一个思想和每一种行为都会在我们的脸上留下细微的印记，从而决定我们的脸是丑陋还是美丽。不和谐的以及具有破坏性的思想态度，都会扭曲和损毁美丽的特征。

一种温馨、高贵的气质对于良好的教养而言，无疑是必不可少的。它能够令许多相貌平庸的面孔变得美丽。脾气暴躁、性格乖张、嫉妒心强，这些都会将造物主所赋予的最美丽的脸庞毁掉。毕竟，没有哪一种气质能够与可爱的性格相媲美。化妆品、按摩术以及药物都不可能将偏见、自私、嫉妒、焦虑、神经质的印记统统带走，而这些恶习都是由于不良的思维习惯所造成的。

教养源于内在。如果一个人拥有高尚的心态，那么不仅他的表现会具有艺术化的美感，他的身体也会一样，他会变得优雅而极具魅力，这比外表的美丽更加吸引人。那些有教养的灵魂的特质将会通过躯体表现出来，并最后外化到各种各样的美丽德行之中。

一种美好的精神能够通过最为普通的身体来表现，从而令这具平常的躯体变得优雅无比。当某些人谈及范妮·肯布尔时，他们都会说："尽管她身材短粗，长着一张红脸，但是在我的印象中，她却是崇高精神的化身。我还从未见过拥有如此高尚情操的女性。在她的身边，任何形式的外在美都显得那样的微不足道。"

安东尼·贝里耶曾经真诚地说："这个世界上，不存在真正丑陋的女人，只有不懂得如何使自己显得漂亮的女人。"真正的教养，是内心与灵魂的永恒之美。即使那些长相平庸的人也可以通过培养善良的、乐于助人的以及慷慨无私的情操，让自己真正的优雅起来。

伊齐基尔·惠特曼是一位杰出的律师，也是哈佛毕业生，当他竞选马萨诸塞州立法院议员的时候，他穿着农夫的衣服从波士顿农场赶来，住进波士顿的一家宾馆。他走进休息室坐了下来，突然听到一些女士与先生之间的对话："呵，来了一个穿真正土布衣裳的乡下人，真有趣。"他们向他提各种奇怪的问题，想要奚落他。这时他站起身说道："女士们，先生们，请允许我希望你们健康幸福，希望你们在未来的日子里变得更好、更聪明。记住，外表具有欺骗性。你们从我的服装误以为我是一个乡下傻瓜，而我，出于同样肤浅的原因，以为你们就是淑女绅士。看来我们相互都错了。"就在这时，卡莱布州长走进来与惠特曼先生打招呼，惠特曼先生转身对那帮哑口无言的人说道："我希望你们能度过一个愉快的夜晚。"

请记住：外在的装饰永远也无法替代内在的美德，就好比树皮无法取代橡木的树心。树皮也许能够表明树木的种类，但永远也无法判断树木的结实与腐朽。

最后，向希望培养良好教养的人推荐以下良方：

无私，三德拉克姆（一德拉克姆等于1/16盎司。译者注）；

快乐酊剂，一盎司；

安心精华，三德拉克姆；

热心萃取液，四盎司；

慈善精油，三德拉克姆，无顾忌；

判断力与机智浸剂，一盎司；

爱，两盎司。

只要出现一丁点儿自私、排他、吝啬或自大等症状，就请服用以上合剂。

学会说话，全世界都听你的

> 夸夸其谈是软弱的首要标志，而那些能够做大事的人往往是思考以后再开口。
> ——西塞罗

□ 让别人明白你知道什么更重要

没有哪项技能能够像口才那样得到如此频繁而有效的运用，能给朋友们带来如此多的愉悦。毫无疑问，语言天赋的重要性远远超过我们大多数人对它的理解。

用语言吸引别人是一种很强的能力。一个人心中有数却拙于表达，无法用合理、有趣或有气势的语言进行陈述，他始终都会处于不利的境地。

我们到处都会看到一些处于不利境地的人,他们从没有学会用风趣而有效的语言表达自己的思想。我们经常看到一些有智慧的人出席公共聚会,每当讨论重大问题时,他们都无法表达自己的观点,坐着一言不发,而实际上,他们要比那些大量发言或说话流畅的人更加博闻多学。

一些知识渊博的人在交际场合经常看似呆瓜,而有些思想肤浅、头脑简单的人却能引起众人注意,只是因为后者能够以一种有趣的方式将自己所知道的东西表达出来。而前者,如果身边碰巧没有了解他们真正价值的人,他们会一直感到羞辱和尴尬,因为他们无法就任何话题展开一段谈话。

许多人,尤其是学者认为生活中的最大需求就是尽可能地往大脑里灌输有用的信息。然而,以一种适宜的方式传播知识也同等重要。你可能是一位渊博的学者,你在历史和政治领域也是博古通今,你对科学、文学与艺术可能也了如指掌,然而,这些知识如果只局限于你自己,你也总是会被置于不利的境地。

内在的知识也许会让自己获得一定的满足感,但它必须要以某种吸引人的方式得以展现与表达,这样才会得到大家的欣赏与赞许。无论未经琢磨的钻石有多么宝贵,如果对其真正的神奇魅力和重大价值不做任何解释和描述,人们是看不到它的价值的,也只有当它被磨光,将隐藏的光芒散发出来之后,才会有人欣赏。说话之于人,好比钻石切割之于原石。雕琢并没有为钻石添加任何东西,只是将其价值展现出来而已。

如果你的表达能力拙劣，天资、教育、华服或金钱都无法让你呈现优雅风度。

通过说话让别人对自己产生兴趣，吸引他们的注意力，让他们自然地跟随你，这种才能比你的任何能力都重要得多。它不仅可以帮助你在陌生人面前留下美好印象，还能帮助你广交益友；它让你敞开心扉，感化心灵；它让你在各种人面前尽显风趣；它能够帮助你出人头地；它能够为你带来顾客。即使你出身贫寒，它也会帮助你踏入上流社会。

一个人，如果拥有吸引人的谈话技巧，能够依靠语言力量让他人立即产生兴趣，那么，与那些知识可能比他渊博但不善言辞的人相比，他就具有很大的优势。

你也许是一名画家，你也许师从大师多年，然而，除非你才华出众，有机会在各大画廊或美术馆展示作品，否则能看到你的作品的人少之又少。但如果你是一位善于说话的艺术家，你交谈就是在绘制"作品"，所有与你接触的人都会看到你活生生的艺术，所有人都知道你是一位真正的艺术家。

□ 你说什么样的话，你就能成为什么样的人

不断努力地在各种话题上流畅、明智而有趣地说话，最能锻炼一个人的大脑与性格。不断努力地用清晰的语言与有趣的方式来表达思想是一种极好的训练方式。我们认识一些非常善谈的人，甚至没有人会想到他们并未受过高等教育。许多沉默寡言的大学毕业生甚至在这些连高中都没读过的人面前相形见绌，只因后者

掌握了自我表达的艺术。一个人在学校学习的时间每天不过几小时，一生加起来不过几年时间而已，而说话的艺术却是需要终身训练的。

说话能够有效地激发我们的思维。如果我们善于表达，能让他人对我们所讲的内容产生兴趣，我们就会更加勤于思考，整个过程都会增强我们的自尊感和自信心。

一个人只有将内心想法表达出来，他们才会了解自己真正具备哪些能力。接下来，思维会变得敏锐，所有的官能都会活跃起来。每一位善谈者都能感觉到来自听众的一股力量，这是一种前所未有的感受。思想的碰撞交融会产生新的力量，犹如两种化学物质通过某种反应会产生第三种新物质一样。

□ 把对方看在眼里，放在心里

说话能力的衰退的一个原因是我们缺乏同情心。我们都太自私，太忙于追求自己的幸福，完全沉浸在自己的小世界中，太专心于自我提升而无暇顾及他人。一个不具同情心的人不可能成为一名善谈者。你必须能够进入另外一个人的生活，与他感同身受，你才有可能成为一名优秀的倾听者或说话者。

贝赞特过去常常谈及一位聪明的女性，她虽然言语不多，但却是出了名的善谈者。她态度热情友好，富有同情心，她曾经帮助那些羞怯的人展现出最好的一面，让他们感觉很是轻松自在。她驱散了他们的恐惧，他们在别人面前不敢说的事情都可以对她畅所欲言。大家都认为她是一个很特别的善谈者，因为她具有唤起别人最佳品质的能力。

如果你想让他人愉快，你必须能够设身处地站在对方的角度，话题必须涉及他们感兴趣的领域。无论你对某个话题有多了解，但如果碰巧无法引起谈话对象的兴趣，你的努力在很大程度上就白费了。

有同情心的善谈者始终言行得体——有趣且无攻击性。如果你想让他们开心，就不要刺伤他们，不要宣扬他们的家丑。有些人具备触动我们心灵深处最佳部位的特殊品质，而有些人则擅长揭短。只要后者出现在我们面前，就会激怒我们。

善谈者都善于缓和所有不愉快的局面，他们永远也不会触碰到我们的敏感点，他们只会挖掘所有天真美好的品质。

林肯堪称这方面的大师，他总能让所有遇到他的人感到有趣。他善于用故事和笑话让大家放松，在他面前，所有人都不会感到丝毫的拘束，他们都会毫无保留地向他敞开心扉。陌生人也总是乐于与他说话，因为他是那么热心和富有幽默感，而且对他人也总是那么慷慨。

□ 自私的灵魂永远不会说出动听的话语

我们有时会在一些招待会或聚会场所看到有人一言不发，没有精力去参与谈话，他们在想如何才能更快发迹——获得更多业务、客户、病人或读者，或者买一个更好的房子；如何才能多作秀几次，这真是一种遗憾。他们无意了解别人的生活，对如何成为一名善谈者也不感兴趣。他们心不在焉、冷漠保守，他们只对一件事情感兴趣，那就是：自己的小世界。如果你谈论这些事情，他们会立马来劲，但他们对你的事情毫不关心，丝毫不在意你有多成功，你的理想抱负是什么，或者他们怎样才能帮助你，等等。生活在这样一群狂热、自私且毫无同情心的人当中，我们永远也不会有高水平的谈话。

想要成为一名优秀的善谈者，你必须自然、率真、轻快和富有同情心，你必须流露善意，你必须有乐于助人的心态，你必须真心关注别人感兴趣的事情。你只有给予他们温暖的支持——真正的友好支持，他们才会对你感兴趣。只有让他们对你产生了兴趣，才能抓住他们的注意力。如果你对他们冷淡疏远，且毫无同情心，那么你是不会引起他们关注的。

你必须宽容大度，狭隘吝啬的灵魂永远也不会有精彩的谈话。一个总是触犯他人鉴赏力、正义感和公平感的人，永远也不会吸引他人。你如果紧锁心扉，对方也一定如此。你的吸引力与有益性也因此被中断，谈话就会变得敷衍呆板，没有生命力或感染力。

你必须敞开心扉，将听众吸引到身边，向他们展现一个真正全面且思想开放的自我。你必须积极响应，对方才会向你袒露心扉，让你自由地进入其内心世界。如果一个人在其他领域非常成功，他也一定能够用有力、有效、有趣的语言进行自我表达，而不是向陌生人展示自己财产的详细清单，以证明自己的成功。一个人是否真正富有，他的言谈举止便可证明一切。

靠学习能力打天下

> 当你还不能对自己说今天学到了什么东西时，你就不要去睡觉。
>
> ——留基波

□ 停止学习就等于拥抱失败

许多年轻人总是会抛弃那些能够获得自我知识得以提升的小机遇，因为他们总是在等待着更大的机遇。他们任由时光从身边溜走，却没有付出任何特别的努力令自己获得自我提高，直到他们到了中年，或者更晚，才被这样的残酷事实所唤醒，那就是，他们仍然对本该知道的东西一无所知，他们会为此懊悔不已。

掌握新的观点、接触优越的思想，这不仅可以使我们能够获得一种独特的个性魅力，甚至在很大程度上，还可以发掘出我们精神上蕴藏的力量。

你首先要做的事情就是下定决心要持续学习，而且这个决心要足够坚定和充满活力。如果你能够这样做，你就要成为一名学识过人的人了，你不会伴随着由于无知带来的羞愧去度过一生。

当你对待世界的态度发生改变时，你会发现整个世界都在改变；当你下定决心去持续学习之后，你将会惊讶地发现，自己的思想很快就将获得实质性的提高。用与你希望赚钱或者希望学习一门手艺同样的决心,去持续学习,并不断提高。

在所有正常人的身上,都存在着一种神圣的渴望,那便是对于获得自我扩展的渴望,是对于成长或长大的渴望。当心,不要将这种源于天性的、自我展示的渴望扼杀。

人为成长而生,这是一个人存在的目的和意义。立志在每一天,将会令自己的视野变得越来越广阔,将无知的疆界推到更远一些的地方,令自己所掌握的知识更加丰富一些,令自己变得更加聪明一些——这样的志向才是具有价值的。

□ 拥有善于发现知识的眼睛

世界是一所伟大的大学。在这里,任何事物都可以教育我们。有些人总是处于学习中,总是在汲取宝贵的点滴知识。他们能够从每一件事情上学习到知识。而这些都取决于我们是否有一双能够发现知识的眼睛,以及是否有一个能够发掘知识的头脑。

很少有人去学习如何使用他们的眼睛。他们穿越了整个世界,却只能看到事物肤浅的表面;他们的视力如此微弱、暗淡,以至于错失了事物关键的细节,而且也没有在脑海中留下深刻的印象。

大脑是一个"囚犯",它永远无法到达外面的世界。大脑所接受到的信息来源于它的五六个"仆人",即所有的感官,它们都会赋予大脑以素材,而且,其中极大的一部分素材都来自于眼睛之所见。那些精通观察之术的人,其实是在用他们的双眼去观看事物。

我认识一位父亲,他训练自己的儿子,使他提高他的观察能力。这位父亲会把孩子送到一条他不熟悉的街道上,让他在那里待上一段时间。然后当孩子回来之后,这位父亲就会询问他一些问题,看看这个孩子都能够观察到什么。这位父亲把儿子送到大商店的橱窗旁、博物馆,以及其他公共场所,然后当儿子回到家后,这位父亲就要询问他,用这个方法测试他,看他对于自己所见到的东西,能够回忆起并且描述出多少。这位父亲说这个练习训练了孩子去观察事物的习惯,而不仅仅只是单纯地去看。

哈佛大学有一位伟大的博物学家——阿加西教授。当一个新生去见他时,他就会给这个新生一条鱼,让他用半小时或者一个小时的时间去观察这条鱼,然后将他所看到的东西全部描述出来。当学生认为他已经将关于这条鱼的所有事情都描述出来之后,这位教授就会对他说,"你还没有真正地看到那条鱼。再去观察一段时间,然后再告诉我你都看到了什么。"他会如此重复好多次,直到那位学生开发出一种观察能力为止。

如果我们每个人总是带着问号生活,保持警觉,对任何事情都要询问一下,那么,我们就可以获得巨大的精神财富,以及超越一切物质财富的智慧。罗斯金的头脑因观察鸟类、昆虫、牲畜、树木、河流、山脉、落日和风景的画面而充实,因对于歌声、云雀以及小溪的记忆而充实。他的大脑中保存了成千上万幅画面——油画、建筑、雕塑等丰富的素材,这使得他能够永远对这些画面进行随意地复制。在罗斯金孜孜以求的思想面前,所有的事物都向他开放起来。

这种能够从其他事物中汲取各种信息的习惯是一块无价之宝。

□ 业余时间决定一个人的命运

持续学习并非绝对地指一定要挤出几年时间去学校学习。那些受过最好教育的人一直都在不断地学习，不断地从任何可能的资源和机遇中吸取知识。

我认识一个年轻人，他曾经通过观察的习惯，或者在口袋里放一本书，利用零散时间阅读的习惯，或者选修函授学校，从而获得比许多大学生更好的教育和更多的文化知识。

许多孩子都不会将自己的硬币和小面值的零钱存起来，因为他们不知道这样的储存将会变成多么巨大的一笔财富。与这些孩子们一样，很多人看不到每一天中积少成多的学习就是大学教育的绝佳替代品。

请记住，在闲暇时光中，蕴藏着无限的财富，如果一个人能够深刻认识并理解到这一点，那么，这将会成为他一笔极大的成功资产。如果你总是能够想尽办法提高自己，把握住每一个机会，为将来实现更美好的事情而做好准备；如果你总是能够下定决心，让自己成为这个世界上一个有所作为的人，并且郑重其事地履行自己的誓言，那么，这些都会给予你莫大的帮助。

自助者，天助之。